U0157206

ZHONGGUO LIFANSHI DAFENGCHE DE FUYUAN

中国立帆式大风车的复原

林聪益　张柏春　张治中　孙烈　著

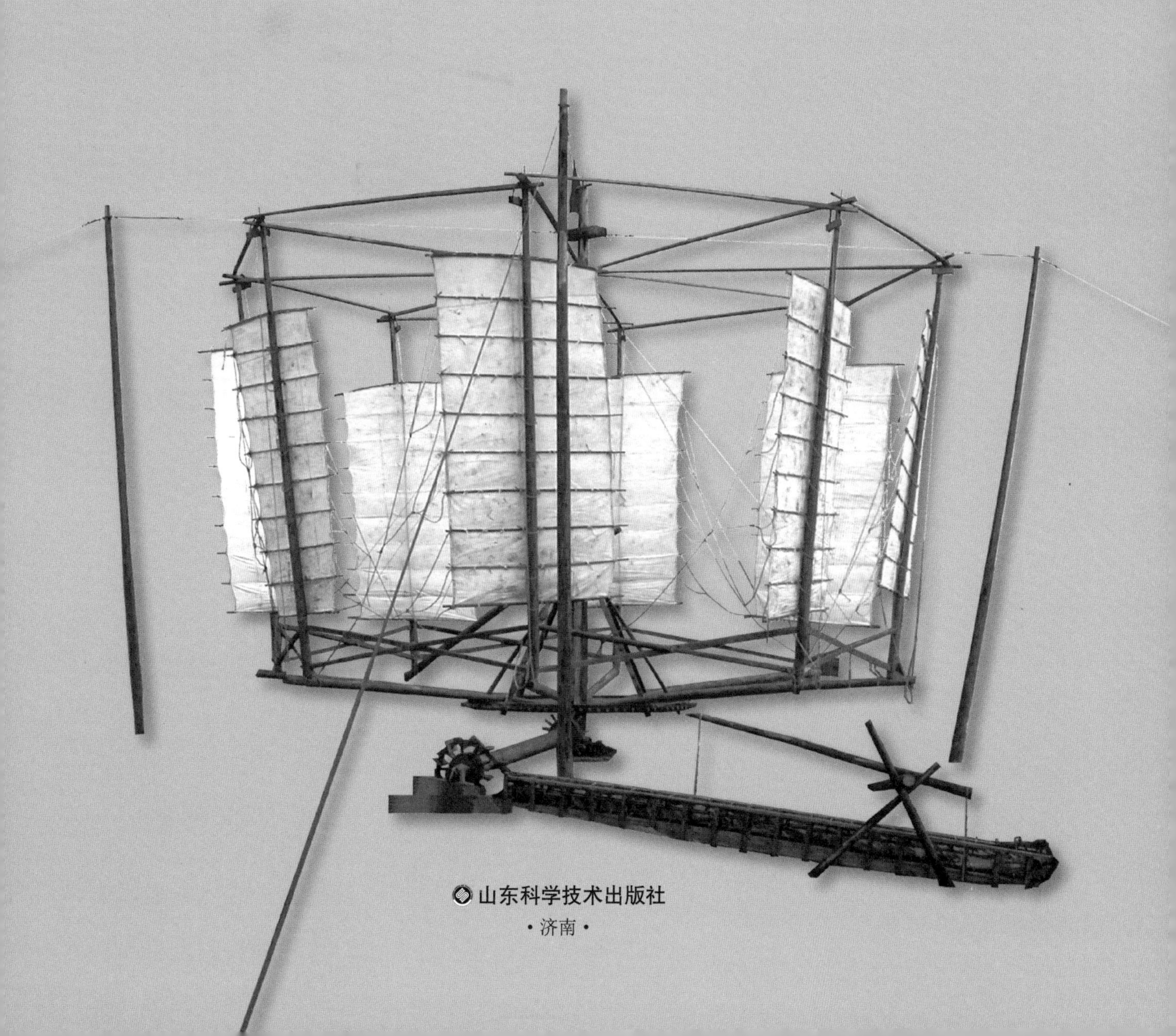

山东科学技术出版社
·济南·

图书在版编目（CIP）数据

中国立帆式大风车的复原 / 林聪益等著. -- 济南：山东科学技术出版社，2024.1
ISBN 978-7-5723-1868-9

Ⅰ. ①中… Ⅱ. ①林… Ⅲ. ①风力机械－恢复－中国 Ⅳ. ①TK83

中国国家版本馆CIP数据核字(2023)第219848号

中国立帆式大风车的复原

ZHONGGUO LIFANSHI DAFENGCHE DE FUYUAN

责任编辑：杨　磊
装帧设计：侯　宇

主管单位：山东出版传媒股份有限公司
出 版 者：山东科学技术出版社
地址：济南市市中区舜耕路 517 号
邮编：250003　电话：（0531）82098088
网址：www.lkj.com.cn
电子邮件：sdkj@sdcbcm.com
发 行 者：山东科学技术出版社
地址：济南市市中区舜耕路 517 号
邮编：250003　电话：（0531）82098067
印 刷 者：山东新华印务有限公司
地址：济南市高新区世纪大道 2366 号
邮编：250104　电话：（0531）82091306

规格：16 开（210 mm × 285 mm）
印张：20.25　**字数：**328 千　**印数：**1~1000
版次：2024 年 1 月第 1 版　**印次：**2024 年 1 月第 1 次印刷
定价：198.00 元

中国古人基于生活与农业需求，制作出各种将水从低处送至高处的汲水器械，具备传动机构者有桔槔、辘轳、滑车、刮车、筒车、翻车等，动力源从早期的人力、畜力，逐渐发展为水力、风力。千百年来，这些器械大多属于有凭有据类（如翻车），少部分为有凭无据、实物失传类（如水排）。

翻车（龙骨水车）是具有刮板式挠链传动、能够连续提河水灌溉的器械。风力龙骨水车（立帆式大风车）以风力驱动，功能与翻车相同，传动机构则与牛转翻车和水转翻车相似，然而具有“一车之力食十家”的效率。立帆式大风车的特点在于运转过程中风帆方向可以自动调整。明清时期它被广泛用于江南地区，20世纪50年代仍有不少地区用它来灌溉农田或汲水制盐。

2006年11月，南台科技大学的校园立起了本书作者们复原的立帆式大风车。2016年8月，因校园建筑规划，立帆式大风车被拆除，其后被典藏于当年11月揭牌的古机械科技馆，并设置常设展示室，以为产学合作、文创商品、科普教育的基地。

2020年5月23日，任职南台科技大学机械系兼古机械研究中心主任的林聪益教授来电，希望我为本书写序，我当下便答应，并排除万难安排时间阅读、撰写。

文化是不同时代人们群聚各地所留下的精神财富，而文化资产是人类从以前世代传承至目前与未来世代且具备文化相关价值的资产。立帆式大风车因社会变迁与施政策略，20世纪50年代逐渐被内燃机、电动机水泵取代，默默地成为有凭无据、失传古机械的成员之一。虽然它丧失了如英格兰柴郡18世纪Quarry Bank Mill棉织厂，成为工业遗产遗址的机会，但是在作者们的前瞻、睿智、规划下，实物已失传、民间匠人尚未凋零的立帆式大风车被成功复原，重现江湖，起死回生地成为文化资产，实在难能可贵。

林聪益教授基于扎实的学术底子、多元的实务经验、强烈的热忱使命，义无反顾地自费出资两万元美金，使得立帆式大风车的复原制造免去后顾之忧。中国立帆式大风车在多方努力下于2006年年底建成。其后，作者们花了13年时间撰写并出版本书，实现了大风车复原典藏、展示推广、研究出版的文资功能，也奠定了永续发展的格局。

本书以绪论、史料研究、田野调查、备料加工、组装测试为架构，加上张柏春所长的序等，事无巨细地介绍了复原立帆式大风车的来龙去脉。全书有大量照片为插图，是本复原学理与实物制作兼具的不可多得的专著，值得机械领域专家学者研读，也可供一般读者了解先民发明立帆式风转翻车的社会背景、创作过程、制作工艺。

本人期待此书的问世具有抛砖引玉之效，引发专家学者对其他（即将）失传古机械文化资产的兴趣，更希望林聪益教授团队，在古机械研究中心的科研架构和古机械科技馆的硬件支撑下，延续立帆式大风车的生命，古为今用，温故创新，开发更多相关文创产品，继续向前迈进。

近30年前，林聪益就读成功大学机械系大学部三年级时，就对中国古代的机械产生兴趣并加入我的科研团队。他在1992年6—9月执行“燕肃指南车机构传动之研究”计划，1993年6—9月执行“北宋苏颂水运仪象台机械时钟之研究”计划。1993年7月至1999年3月，他在台湾丽伟电脑机械公司（台中）担任机械工程师。1997年9月，他以在职进修的身份，成为博士班学生。虽然研究进度相当顺利、毕业日期指日可待，但他决定放弃既有成果、离开工作岗位，1999年4月全职投入水运仪象台的研究。2001年12月，他完成博士学位论文《古中国擒纵调速器之系统化复原设计》。其后，他所研制的全尺寸铜质水轮秤漏装置复原实体，于2010年12月成为台南树谷园区“生活科学馆”的动态户外艺术装置。一路走来，林聪益对古机械科研的热忱始终如一，是位脚踏实地、锲而不舍、治学态度严谨的学者。

最后想说的是，此书与立帆式大风车复原之成，4位作者（林聪益、张柏春、张治中、孙烈）的先行策划、寻找工匠、制作测试，以及完整地记录，充分体现了作者们的前瞻性眼光和专业素养、决策与计划管理能力，以及与民间匠人陈亚先生团队互动的协调艺术，诚如《周礼·考工记》载：“知者创物，巧者述之，守之，世谓之工。百工之事，皆圣人之作也。”

为之序。

颜鸿森

成功大学讲座/机械系教授

中华古机械文教基金会创办人

2020年7月31日于台南

序

风车是古人成功利用自然力的一项重要技术发明，是现代科技史学者的研究对象。许多中国人耳闻目睹过欧洲的风车，甚至认为风车属于荷兰的技术传统，却对中国历史上的风车关注不够，过去曾习以为常，现在可能已经忘记。英国科学史家李约瑟（Joseph Needham）推断，中国风车技术始于元代，应该是从波斯传入的。其实，关于中国风车驱动水车的文字记载可以追溯到12世纪，即南宋刘一止的《苕溪集》。

中国的立帆式大风车在世界风车史上独树一帜，其构造原理迥异于欧洲和西亚的风车。这种风车巧妙利用了船帆，能够适应各种风向，用于驱动水车——龙骨车。操作者可以根据风力的大小，升降若干个风帆。风帆的构造和升降操作与中国船帆技术同出一辙。在风车的运转过程中，每面立帆都能绕桅杆转动，调节迎风角度。也就是说，风帆具有自动迎风的功能，无论风从哪个方向吹来，风帆在一半的行程里都自动迎风。相比之下，荷兰风车要靠人力转动塔身来实现叶片的有效迎风。

中国大风车的图像出现得比较晚。1656年，一位荷兰来华使者描绘了江苏宝应使用多架大风车提水的田野景观。1951年，中国学者陈立发表了关于渤海湾地区大风车的调查研究报告，其中有图像和重要技术信息。1957年，八一电影制片厂摄制出《柳堡的故事》，影片反映了大风车在苏北田野运转的场景。那时的苏北，一个普通的生产队通常有三架大风车。到20世纪六七十年代，随着现代水泵在农村的广泛应用，大风车逐步被淘汰，淡出了人们的视野。

1985年，同济大学陆敬严教授到江苏阜宁县做实地调研，却找不到一架完整的大风车，只能通过风车制作者和使用者了解一些技术信息。他指导易颖琦撰写了硕士学位论文——《立轴式大风车的考证、复制、研究与改进》，并为中国科学技术馆主持制作了大风车模型。学术调研报告，连同古文献记载和电影资料，使人们了解到大风车的基本面貌。然而，当代人对历史上真实的大风车仍缺乏足够的认识，尤其缺少详细构造、制作工艺和应用等方面的技术信息，这制约着大风车的完整技术复原。

为了系统认知和抢救大风车技术遗产，我们寻访了健在的风车制作工匠，并请老师傅主持制作实用的大风车，进行抢救性的技术调查和记录。2004年4月，中国科学院自然科学史研究所和南台科技大学的合作者正式商定了风车复原制作计划。经过两年的准备，研究团队决定请江苏射阳县海河镇的陈亚先生主持制作风车，由孙烈全程摄像、拍照和记录，张柏春、张治中、林聪益在安装之前也参加现场调研。2006年7月，陈师傅和他的儿子终于制成一架大风车和一架龙骨车。现场试车成功之后，风车和龙骨车被拆运到台南市，安装在南台科技大学，成为校园一景。在林聪益老师与合作者的共同努力下，《中国立帆式大风车的复原》终于成书，并于2020年首先在台南以繁体字版问世，之后又由山东科学技术出版社出版简体字版，社长赵猛、责任编辑杨磊和美术编辑侯宇等老师为此书做了大量的工作。

我们的大风车制作项目至少达到了两个主要目的：一是按照传统的构造、用料和工艺，制作出一架实用的大风车；二是全程记录大风车的设计、制作和操作技术，掌握完整的风车技术信息。这样，即使大风车实物绝迹了，人们也可以利用我们的调研记录，随时制作这种风车。显然，这是抢救、保护和传承文化遗产的一种有效方式，至少适用于保护和传承那些势必被现代科技淘汰的传统机械，还可用于博物馆的展品制作和科普创意设计等。我们期待与更多的同道们一起补编《考工记》和《天工开物》。

张柏春
于北京中关村中国科学院基础园区
2023年11月1日

目　录

绪论

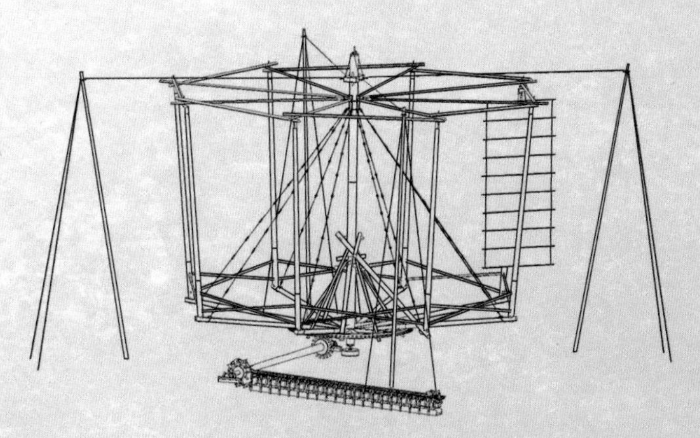

一、缘由

中国立帆式大风车主要是运用风来提供龙骨水车的动力，由风帆和水车组成一种立轴式风力龙骨水车（图1、图2）。自12世纪以来，它一直被运用在长江下游及沿海地区的农田和盐田作为提水装置，并形成了大风车的技术与文化传统。因此，本书的“大风车”一词泛指立轴式龙骨水车或立帆式大风车。

中国立帆式大风车的复原的策划方案是从2002年底开始规划并进行初期研究的，2004年清明节后启动寻访工匠的田野调查工作，2006年进行立帆式大风车的复原制造，并利用苏北盐城的当地气候与地理环境进行实地测试。为什么要做此研究计划呢？原因有三。

图1　复原的中国立轴式风力龙骨水车实景图

（1）实物已绝迹。20世纪50年代立轴式风力龙骨水车渐渐被内燃机或马达水泵取代，截至1982年，中国风力资源调查时没有发现立帆式大风车的使用情况。调查人员仅在苏北的盐城市阜宁县沟墩的盐田中，发现一台已经残破的立帆式大风车。由此也证实了大风车正式退出农业与盐业的工作舞台，并在1982年后绝迹。

（2）文献不完整。根据史料整理，研究人员获得的立轴式风力龙骨水车的文献资料，仅在其形制与构造方面有较具体的文字描述和图像，但对立帆式大风车的构造和操作使用等技术细节与工艺尚未有充分的理解，尚不足据此进行立轴式龙骨水车的复原制造。

（3）耆老还存在。立轴式风力龙骨水车虽在20世纪80年代已绝迹，但拥有其设计技术和制造工艺能力的人员还存在，只是大都已年老体衰。因此，寻访工匠是件紧迫的事。再者，长期使用大风车的地区，相关文化传统尚存。唯有亲临进行实地调查，才能获得更多、更完备的资料。

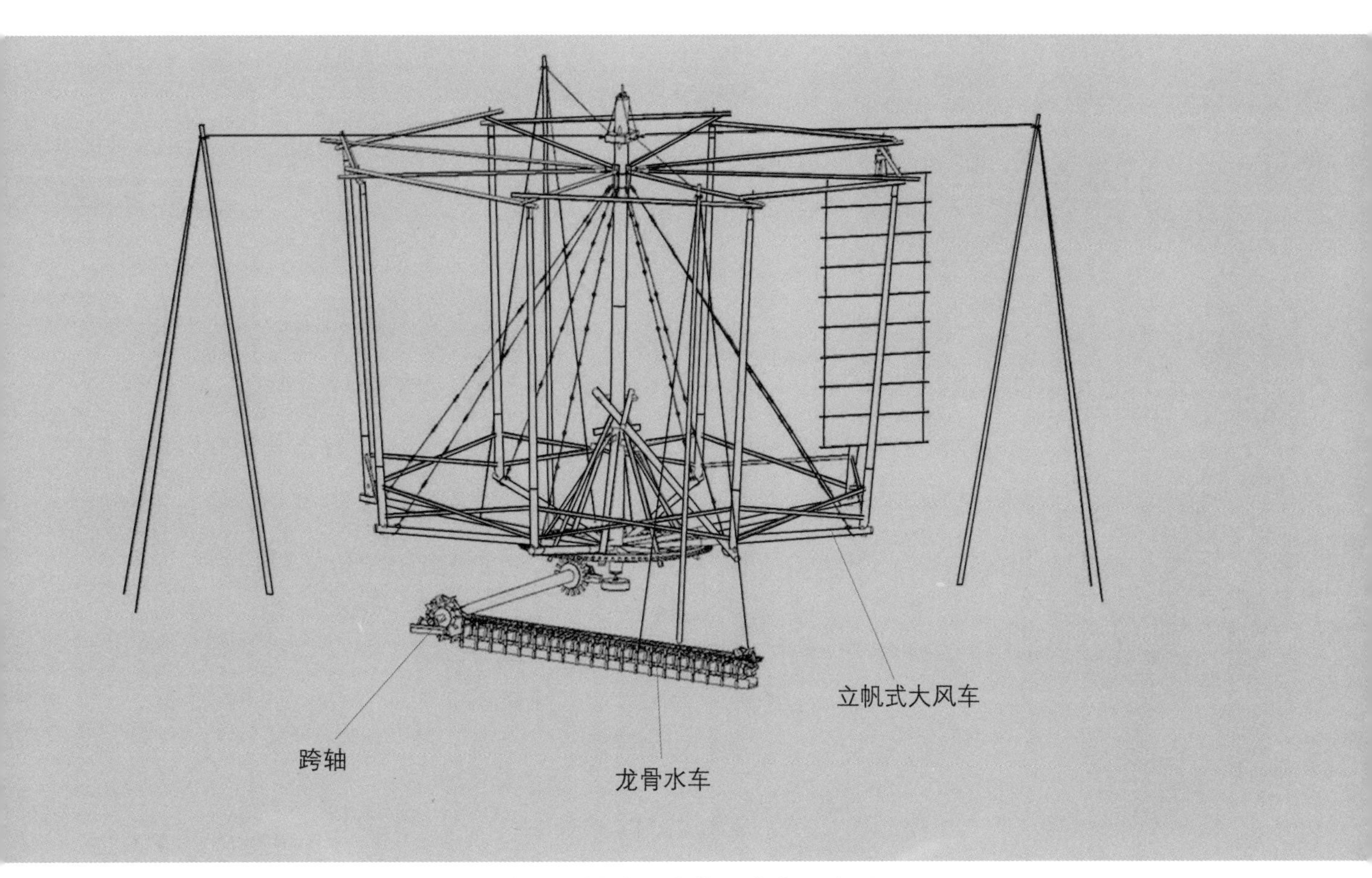

图2　中国立轴式风力龙骨水车示意图

二、研究方法

中国立帆式大风车的复原属于古机械的复原研究范畴，包含了史料研究、复原设计及复原制造[①]（图3）。立轴式风力龙骨水车是一种即将失传的传统机械，它的复原设计和复原制造是采用人类学的方法，透过田野调查来寻访工匠，并进行复原制造和测试。

史料研究	复原设计	复原制造
●认识问题	●复原合成	●实物模型
●定义问题	●复原分析	●虚拟模型
●建构古代机械科技与工艺		

图3　古机械复原研究的程序

1. 即将失传的传统机械

在古机械复原研究的分类中，有凭无据的古机械被称为失传古机械，即这类古机械虽有史料记载，但大都不完备，且无真品传世。例如，东汉张衡的候风地动仪、北宋苏颂的水运仪象台等，其复原研究的目的在于重现其科技与工艺的知识系统，并产生新的史料。立轴式风力龙骨水车虽已经绝迹，但幸运的是时间不长，相关技术人员尚在，却在凋零中，故又归之为“即将失传的传统机械”，这类传统机械复原研究的重点在于抢救和保护即将失传的技术与工艺等。图4是失传古机械和即将失传的传统机械在复原凭据方面的比较。

① 林聪益，颜鸿森．古机械复原研究的方法与程序．广西民族学院学报（自然科学版）．2006，12（2）：37-42．源自：林聪益．古中国擒纵调速器之系统化复原设计．台南：成功大学，2001，博士论文，1-9．

比较	原文物	文献记载	技术工匠
失传古机械	已绝迹	未完备	不存在
即将失传的传统机械	已绝迹或即将绝迹	未完备	已凋零

图4 失传古机械和即将失传的传统机械之复原研究的比较

2.技术人类学调查

在古代，不同的文明区域有着不同的知识系统和技术传统。要认识中国的技术传统，首先要探讨中国的技术发展史，并建构出其技术脉络和社会脉络。然而，古代典籍和考古资料的缺憾限制了人们对机械技术传统的认知。因此，要进一步发现技术传统的一个有效途径就是调查现存传统技术，且从科技史、文化史、人类学、民俗学等角度去展开讨论。20世纪90年代技术人类学（或称科技人类学）渐渐成为一个新兴的研究领域。技术人类学是采用人类学的理论，运用田野调查和民族志研究方法，聚焦于文化和社会因素，进行传统技术与工艺的研究与建构。

张柏春从1991年起组织科技史学者团队（张治中、冯立升等）开展传统机械的调查。到2002年该团队已对水碓、水碾、筒车、龙骨水车、风扇车以及部分耕作机械等10余种传统机械做了实地调查，了解它们的机构设计、材料选用、制造工艺及操作使用等技术细节，并将实物的调查与走访工匠结合起来，以求在认识或发现机械技术传统方面真正有所突破。相关调查研究成果皆汇集在《传统机械调查研究》[①]一书中。归纳起来，他们在江苏、浙江、云南、广西、陕西、北京、山东、内蒙古等地调查得到了以下发现：

（1）机械的详细构造和不同地区机械的相似性和差别，如石磨盘、水轮、齿轮的构造。

（2）整个机械及其零件的准确尺寸参数，如水碓、水碾的尺寸。

① 张柏春，张治中，冯立升，等.中国传统工艺全集·传统机械调查研究.郑州：大象出版社，2006.

（3）机械零件制作的选材要求和注意事项，如用杉木制作龙骨水车。

（4）机械零部件的制作工艺和加工工具，主要是木作工艺和金属工艺。

（5）机械零部件的各种连接方式，如榫、楔、铆、箍、销等。

（6）轴承的构造与其冷却润滑方式，如浙江水碓、云南水磨中的轴承。

（7）机械的控制方法，如水轮转速的控制、水磨粮斗与磨盘间隙的调节。

（8）各种技术窍门，如长沙制作杆秤之秤星的方法、五味子用作涂料。

（9）工匠解决技术问题的思路，如秤星刻度的划分与计算方法。

（10）机械的其他用途，如水碓用于加工木粉、辣椒粉、纸浆等。

（11）机械的操作要领与维护保养要求，以及机械的使用寿命。

（12）匠人们的“讲究”，如杆秤刻度与福、禄、寿之间关系的说辞。

这些内容绝大多数是古籍中没有或很少描述的。这类活的史料向我们展示了生动的技术史画卷，提出了新的有待调查的问题、思考的线索和文献研究的方向，值得珍视。项目团队也用心总结并整理了调查传统机械的经验，分述如下①：

（1）可以通过各级政府的农机、机械、纺织、文博等部门及相关研究机构，了解传统机械的分布、制作及使用等情况，得到调查线索，初步选择调查对象和要寻访的民间匠人。

（2）传统技术的调查队伍应包含具有机械工程专业背景的人员，这对深入调查地开展工作，以及辨识技术细节是很有帮助的。

（3）采访工匠是一项很有价值的工作，尤其是采访制作和使用传统机械的工匠和农民等。在采访之前，采访人员应阅读相关的文献资料，并就实物先进行观察或测绘，从而拟订出要向工匠和农民等提出的问题。否则，所提问题可能触及不到要点上，或者不够深入，采访的效果就会打折扣。有时，囿于方言的限制，采访者和被采访者双方可能出现交流的困难。这时，就要找翻译人员来帮忙。

（4）照相与摄影是纪录、保存及表现传统技术的理想手段，尤其是科技史专家策划的关于传统技术调查的纪录片，更需要照相和摄影等有效手段来有目的地保存与传播传

① 张柏春. 认识中国的技术传统：关于中国传统机械的调查. 自然辩证法通讯，2002，24（6）：51-56.

统技术。为了比较全面地实录技术细节，传统机械调查工作须同时以照相机和摄影机记录整个田野调查、机械制作及工匠采访等的过程。特别是须拍摄机械的整体照片和各重要结构的局部照片，测绘出机械视图，并用摄影机拍摄整个机械的制作过程，记录工匠和使用者口述的设计与制作思路、方法、选材要求及技术窍门。

（5）撰写传统技术的调查研究报告是保存与传播传统技术的重要工作。实地调查所得到的丰富资料须经过系统的整理，进而与古文献和考古资料的研究结合起来，相互印证、补充，追本溯源，探讨技术的演进和传播，或进行如人类学、社会学等其他视角的研究。

本次中国立帆式大风车的复原项目亦是延续和丰富上述这些传统技术调查的经验与成果。其中，较大的差异点是在当时立帆式大风车已经绝迹了，所以寻访工匠的工作结果如何是整个项目成败的关键。

三、研究目的

1980年之后，立帆式大风车就在它曾经最繁荣的苏北地区绝迹了。此后，科技史学者们只能从现有不完整的史料文献和图像影片出发，进行立帆式大风车构造的设想与建构，以期掌握和记录立帆式大风车的运转原理和制作方法，然其成果仍局限于文献研究的范畴中。

2006年，当我们来到苏北盐城寻访懂得立帆式大风车制作工艺的工匠时，当地三四十岁以下的人却几乎没有亲眼见过立帆式大风车旋转的景观。当地还了解大风车制作技术的人，大多已经七八十岁以上了。这些老人还有精力完成大风车制作全过程的，为数寥寥。最终，我们项目的这架立帆式大风车是由72岁的陈亚老师傅领衔，历经两个多月，并在2006年7月中旬，于海河镇的一块农地上架设起来的。

立帆式大风车随风旋转，带动龙骨水车快速运转，便把清澈的河水从河道抽入灌溉渠道。这让1957年《柳堡的故事》的立帆式大风车运转场景重现了，也促使了当地老人们重拾对大风车的回忆，实现了我们复原中国立帆式大风车的愿望，得到了立帆式大风车制造技术的完整记录。经过两年多来田野调查的努力，我们项目团队最终获得了可贵的成果。

1. 成功复原一台传统尺寸大小的立轴式风力龙骨水车

我们根据史料研究的结果，在苏北盐城进行了大风车的田野调查，探寻制造过风力龙骨水车的工匠，以当地传统的材料和工法，完成一台原尺寸大小之立帆式风力龙骨水车的复原制造，并利用了当地气候和环境进行测试。此次活动不仅验证了立帆式大风车以当地的风力可以带动龙骨水车进行灌溉，而且在无风时也可通过单人推动或用水牛拉动大风车来实现灌溉。

2. 完成抢救和保护即将失传的立帆式大风车技术与工艺工作

我们通过直接观察，并以包括照相、摄影、测绘及笔记等记录方式，将立帆式大风车从备料、加工、组装及测试等整个制作过程进行了完整的纪录。同时，我们也采访了制作和使用过立帆式大风车的工匠和农民，保存了相关采访记录等。我们更关注立帆式大风车的机构设计、材料选用、制造工艺、安装工序及操作使用等技术细节，并关注立帆式大风车与人和环境的相互作用。因此，留下了宝贵且完整的技术资料，使大风车技术与工艺获得了完整的保护。

最后，我们此次调查研究的成果之一——立帆式大风车及其龙骨水车于2006年11月底完成移地组装，矗立在南台科技大学的校园内（图5、图6）。我们期望此次复原的立帆式大风车承载着技艺、文化在人类的历史上继续运转下去。

然而，完成立帆式风力龙骨水车的复原制造只是项初步的工作，更重要的是将得来不易的田野调查的大量资料，进行系统化的整理与分类，并结合史料研究，从科技史、文化史，民俗学、机械工程学等角度去展开研究和探讨①，为人类纪录和保存立轴式风力龙骨水车的技术与工艺。

图5 复原的中国立轴式风力龙骨水车（南台科技大学）

① 完成中国立帆式大风车的复原计划后，我们根据计划所获得宝贵的实物和资料，继续投入研究生进行相关的研究，包括：①徐骏豪，唐宋朝代至1950年代龙骨水车的发展与运用：以江苏为考察重心（台南：成功大学历史研究所，2007，硕士论文）；②林彣峯，立帆式大风车的复原分析（台南：南台科技大学机械工程研究所，2010，硕士论文）；③陈柏宪，新型风力抽水泵之设计（台南：南台科技大学能源工程研究所，2011，硕士论文）；④林育升，新型立帆式风车之设计（台南：南台科技大学能源工程研究所，2012，硕士论文）；⑤李宜伦，立轴式风力龙骨水车的受力与效率分析（台南：南台科技大学机械工程研究所，2012，硕士论文）。

图6　复原的中国立轴式风力龙骨水车（近景，南台科技大学）

四、大风车的技术与文化

自12世纪以来，大风车技术的发展日趋注重日常制造、维护和使用。大风车整座机器的结构相当简洁、稳固，可以说是多一杆则嫌累赘，少一杆则不稳，却又不至于崩塌。而且它也能根据当地的地理环境和气候风场，发展出适当尺寸规模的风力龙骨水车，成为一种全机械化的提水机器。正因为它能不用人力地解决农田灌溉和盐田提水问题，在有充分风源的地方，容易推广和普及，并在当地形成一个产业，如苏北地区，大大影响了人民的生活，所以大风车不仅代表一种技术，也代表一种文化。

（一）大风车代表一种技术

立帆式大风车及其驱动的龙骨水车所形成的立轴式风力龙骨水车技术（简称大风车技术）是中国传统灌溉技术的集大成者，可以反映出中国古代技术的一些特点，包含技术的创新性和综合性，以及技术的适用性（因地制宜）和广泛性（一器多用）。

1. 技术的创新性——龙骨水车的风力运用技术

龙骨水车之所以能够普及与推广，除了其灌溉能力强，主要在于其链条传动的动力是以旋转运动方式输入，容易运用不同的动力源，故能衍生不同动力的龙骨水车形式，从拔车、踏车、牛转翻车、水转翻车，以及风力翻车，都是在技术上不断地创新。其中，在风力运用的设计与技术上，其创新超越以往，主要在于其能够克服和操控风之大小与方向的捉摸不定。因此，大风车的技术创新体现在两个方面，一是自动迎风设计，二是转速控制设计。下面分别叙述。

（1）自动迎风的设计。

如何掌控风向的变化，是设计风车所要面临的一个关键技术问题。

相较于同时代同样有着悠久历史的荷兰卧轴式风车，立帆式大风车有自身的特点和优势。而荷兰风车安装在塔身的顶篷上，可以用长杆操控旋转顶篷。如果风向改变，则由人力推动长杆以转动顶篷，使得风叶能四面迎风。中国立帆式大风车的设计无论是风从哪个方向吹来或风向的任意转变，都能使风帆主动地自动迎风。这与立帆式大风车的风轮设计和八面帆的摆置有关。

①风轮的设计。立帆式大风车的风帆技术来自中国的船帆工艺，但大风车的风帆在迎风的功能上比船帆更有所创新。这个创新就是立帆式大风车具有八棱柱状的框架结构的风轮设计（图7）。即将中国船帆的设计与工艺，运用到大风车的风轮上，以达到自动迎风的功能[①]。正所谓"大将军八面威风，小桅子随风转动，上戴帽子下立针"。

②风帆的摆置。桅子上的风帆之所以能随风转动，自动迎风受力，是因为每张帆以桅绳套在桅子上，并以桅子为轴分成长边和短边，帆脚索系在其长边的篷竹端，另一端

图7　装配中的立帆式大风车

① 李宜伦. 立轴式风力龙骨水车的受力与效率分析. 台南：南台科技大学机械工程研究所，2012，硕士论文，26-48.

则系在邻边的桅子和剪上。每张风帆在顺风时其帆脚索受力拉直，使整个风帆迎风受力，以产生扭矩。当风帆初转入逆风时它仍有受力，之后风帆则与风向平行，以减少受风面积和阻力。故无论风从哪个方向吹来，风帆在风轮旋转半圈以上的行程里都能自动迎风受力，推动大风车旋转。

（2）转速控制的设计。

大风车可视风力大小，通过调整升降升帆索和收放帆脚索来调节帆的高低与帆的受力角度，改变帆的受风面积，让风车保持在安全范围内运转。若风力过大，应停止使用。否则，转速超过风车及水车的容许上限值时，整个大风车系统将会严重受损。立帆式大风车转速控制设计分述如下。

①帆脚索。利用帆脚索的长短可控制风帆的受力角度，改变受风面积。根据我们的复原分析可知，当风帆与桅担夹角为18度时（帆长边未过桅担）的整个运转过程产生的扭矩最大。因此，帆脚索太长或太短都会使风车转速变慢[①]。

②升帆索。风帆高度是利用系在升帆索上的挂绳套在桅担外端来固定，若要调整风帆高度，则只要将挂绳沿着升帆索向下或向上调整并系紧即可，这样便容易控制风帆的受风面积，亦即所谓“微风则全张之，疾风则半张之”。

③停车设计。若风车运转过快或出现安全问题欲急停车时，操作人员可以站在大风车外环的定点，将挂绳拔离桅担，风帆将逐一落下，大风车便能立即减速，并慢慢停下来。

2. 技术的综合性

大风车技术的综合性表现在制造、机械及动力等方面。

（1）制造的综合性。

大风车制作技术主要是木作技术，亦包含铁件的锻造和铸造、绞线制作，还有草绳和风篷的编织、布帆的裁缝及组装技术。其中，组装技术又包含立车心时的力学原理的应用技术、立桅子的吊杆应用及整个风轮组装工序的设计。

---

① Tsung-Yi Lin, Wen-Feng Lin. Structure and Motion Analyses of the Sails of Chinese Great Windmill. Mechanism and Machine Theory, Vol.48, pp.29–40, 2012.

（2）机械的综合性。

大风车本身就是综合性高的机器系统，需要进行结构设计，配置多种轴承和传动机构，以及使用各种联结方式。例如，大风车的旋转轴承形式有三，即公转和母转的顶针轴承、车心轴套与将军帽的滑动轴承、钏与游子的曲面轴承。大风车还有各种传动机构，如大齿轮和旱拨的齿轮传动，跨轴的轴传动，龙骨与水拨、机掇子的链条传动，用于风帆升降的（升帆索和提头的铃铛）绳索滑轮机构。再者，大风车也使用了许多种联结方式，如木作的榫卯结构（如车辋）、铁件的钩接（如梳担内端铁钩与撬盘、撑心的铁钩与花盘、大缆的铁钩与将军帽的铁闩子）、铁丝的捆绑（如软吊与金刚镯、铁丝与将军帽的铁闩子和天扁担）、草绳的结绳（如篷帆之驾绳、桅绳、各种草绳的结绳）。

图8　畜力牛拉动立帆式大风车转动

（3）动力的综合性。

立轴式风力龙骨水车主要动力来源是风能，若无风或风力不足，亦须有可以使用水牛等畜力或人力来驱动的设计。尤其是吊桄担的设计须提供安置水牛的空间，让水牛可以在大风车内拉动桄担（图8）。大风车也要考虑单人可以直接推动桄担或多人同时推动的实际情况。这种同时保有风力、畜力和人力等三种动力输入的设计是一种杰作。

3. 因地制宜

“因地制宜”也是大风车技术体现出的一个特点，这一特点几乎贯穿了立轴式风力龙骨水车整个制作和使用的过程，涉及就地取材、季风盛行及河渠密布等情况，分述如下。

（1）就地取材。

本次复原大风车与其龙骨水车的要求是以“原汁原味”的传统材料来制作。材料包含杉木与桑木、蒲草和稻草，以及其他材料如竹、柳木……其实它们都是取用当地生长且材料特性合适的材料。

杉木与桑木

在苏北制作大风车与水车的主要木料是杉木与桑木，因早期这两种木材在当地容易取得。在本次复原旱拨和水拨等轮毂所用尺寸较大的桑木原材购得不易，但20世纪50年代前，桑树在苏北尤其是里下河地区[①]，处处可见。事实上，自秦汉以来栽桑养蚕已成为江苏农家的重要副业，到清代里下河地区的蚕桑生产更发达，是扬州、高邮丝绸原料的产地。古人在房前屋后常种植桑树、梓树，正是以“桑梓”代指家乡的由来。故在古代的农桑社会，这种制作大风车所需要干径大且树龄五六十年以上的桑木是比较容易找到的。

① 里下河平原是位于江苏省中部，以兴化市为中心的一碟形平原洼地，又称苏中湿地（位于淮安、盐城、扬州、泰州、南通五市交界区）。本区属淮河流域湿地区，西起里运河，东至串场河（今通榆运河），北自古淮河（今苏北灌溉总渠），南抵通扬运河，地势大致从东南向西北缓缓倾斜。

本次复原的大风车风帆先是用布料制成的，而在苏北人的传说中，只有三国时期的刘备才用布来制作风帆，这个说法体现出在当地人眼中，用布做风帆是何等奢侈。更确切地说，香蒲草才是制作风帆材料更好、更符合地域特色的选择，故以往用来做风帆的材料主要是香蒲草和稻草。稻草是制作草绳的原料。江苏太湖、里下河地区历来都是中国著名的稻米产区，稻草随手可得。

香蒲草（图9）是多年生宿根性沼泽草本植物，在苏北地方的湖岸、河滩、渠旁、沼泽地等水边，常成丛成片生长。植株一般高2 m左右，有的高达3 m以上。茎圆柱形，直立，质硬，中实且轻。叶扁平带状，长可达2 m，宽2～3 cm，光滑无毛，非常适合用来制作风帆。

香蒲草成熟在深秋时期，正值苏北的农闲时节，此时也是大风车维护整修或制造的时期。农家在这段农闲时期，对香蒲草进行采收、去根及除泥，晾晒数日，待茎叶不潮不脆即可使用。晒干后，它可用草绳编织成篷帆。编织方法与织席类似，香蒲草为纬线，经线则用草绳，便于上下升降和折叠。

图9　香蒲草

（2）季风盛行。

苏北在夏季盛行东南季风，冬季则是东北季风。里下河地区年平均风速约为2.7 m/s，而滨海地区年平均风速为5.3 m/s左右[①]，故根据当地风力资源可制作高8 m、直径10 m的大风车，并用8张长4.5 m、宽2 m的篷帆，或长4 m、宽2 m的布帆来配合。这样尺寸大小的大风车以当地风力资源，在农田地区至少可以带动1台龙骨水车，而在滨海盐田地区则可以带动2台龙骨水车。

《盐法通志》卷三十六载曰："一风车能使动两水车。譬如，风车平齿轮居中，驭驶两水车竖齿往来相承，一车吸引外沟水，一车吸引由汪子流于各沟内未成卤之水。"[②]一台龙骨水车置于引水沟上，当潮涨时，海水涌进引水沟，龙骨水车将大量海水抽进汪子（蓄水区）。另一台龙骨水车置于导水沟上，可将汪子内经过阳光照射的蒸发而成的含有盐分的海水（盐度5%）引入导水沟，送进蒸发池。根据当地的气候和风力条件，大风车是适合当地的技术。

（3）河渠密布。

苏北，特别是里下河地区，地势低洼，地下水位高，湖荡相连，水网稠密，曾是苏北淡水沼泽湿地最集中分布的区域之一。在1980年之前，该地区的农业活动常利用龙骨水车进行引水和排水的工作，而大风车的运用大大地解决了农业发展最关键的问题——灌溉。

4. 一器多用

"一器多用"是一种典型的古代技术特征，而龙骨水车就是这样一个代表，其功能主要有：①农业灌溉，用于农田抗旱与高田提灌；②排除积水，用于排涝、低田排水；③水利用途，用于从人工渠道汲水以通运河；④盐业抽水，用来抽取海水以晒盐。在我国沿海盐场，以及江苏太湖和里下河地区更是运用大风车技术于龙骨水车上，使此种立

---

① 刘素成，封雷. 响水县海边风速分析. 江苏：盐城气象局，2006. 江苏省盐城市响水县风速站于2004年10月建立了风速站，并翔实记录2004年11月至2005年10月一整年响水县县站与海边风速站（距地10 m高）的风速变化。

②（清）周庆云.《盐法通志》卷三十六. 转引自：清华大学图书馆科技史研究组编. 中国科技史资料选编：农业机械. 北京：清华大学出版社，1982：224-225.

帆式风力龙骨水车更有效率地使用在不同的场景中，故其“一器多用”的特性和功能更加彰显。

（二）大风车代表一种文化

传统技术，除工艺本身外往往还包含民俗、信仰等文化内容。大风车的文化包含渔民的生活习俗与帆船文化、性别分工与传宗接代的性别文化，以及产业化的灌溉文化。

1. 帆船文化衍生至风车文化

大风车的风帆设计源自船帆工艺，故帆船文化也影响了大风车文化，涉及祭祀、挂旗、贴对联等风俗。分述如下。

（1）祭祀与挂旗。

江苏渔民的生活习俗与帆船文化中需要祭祀的场合有二。其一“交船酒”仪式：完成造船后，在交船仪式中，船匠要为新船举行祭祀仪式，求取平安、顺利；在新船下水时，则鸣放鞭炮[①]。其二“装网”仪式：江苏地方称出海捕鱼为“装网”，渔民出海装网时，在习俗上需举行祭祀仪式，求平安、丰收。装网祭祀有三项内容，即挂旗、杀猪、焚香纸。船匠将门旗挂在桅杆顶上，旗上书写“天后圣母，顺风相送”[②]。

大风车组装前也要举行祭祀仪式。2006年7月13日早晨，工头陈亚准备好祭品，包括猪头、猪脚、猪尾巴，筷子、三把香及鞭炮。开始组装前，陈亚将车心石放置在预定位置，在车心石旁设一小香案，上置铁供盘，并在铁供盘正中央放置猪头。猪头下巴两旁摆猪前蹄两只，猪尾巴安置在猪头正后方，一双筷子放在猪右耳朵旁。工头陈亚主祭，焚香祭拜后，他将三炷香插立在车心石上，随后鸣放鞭炮（图10、图11）。同时，工头陈亚与张柏春研究员共同动土，寓意开工。待仪式结束后，工匠们便开始正式组装风力龙骨水车，并在车心顶端的天扁担处系挂上风向旗（图12）。

---

① 金煦主编. 江苏民俗. 兰州：甘肃人民出版社，2003：38.
② 金煦主编. 江苏民俗. 兰州：甘肃人民出版社，2003：38-39.

图10　陈亚师傅布置祭祀仪式现场

图11　祭祀仪式的贡品及大风车公转

图12　工匠系风向旗

上述祭祀的内容其实是江苏地区的帆船文化中“交船酒”和“装网”祭祀仪式的缩影。其中，在车心顶端挂风向旗与出海“装网”时在桅杆顶上挂“门旗”一样，除有观测风力与风向的实际功用外，都有祈求“顺风相送”和“顺风富贵”之意。因此，祭祀和挂旗都是风车文化衍生自帆船文化的证据之一。

（2）对联。

江苏渔民需要装饰或打扮渔船，并张贴对联的场合主要有：①新船的“交船酒”仪式，在船的前后上下都有船对，其中在桅杆上书“大将军八面威风”；②过年的迎春“挂彩”，除在大桅杆顶端挂上新的红色顺风旗外，船身各部位贴上不同的春联。迎春“挂彩”时，船中间大桅杆联书“大将军八面威风”，船头二桅杆联书“二将军开路先锋”，船尾三桅杆联书“三将军顺风相送”[①]。

图13 “大将军八面威风”联

陈亚老师傅完成大风车的组装后，在车心上张贴“大将军八面威风”的对联（图13）。这与上述江苏渔民在船只主桅杆上书写“大将军八面威风”对联的习俗相同。由此可见，大风车的车心被视为有如同渔船的大桅杆一样的重要性。大风车车心上书“大将军八面威风”对联具有三重意义：其一，同渔船的对联一样，为祈求大风车运转平顺与平安、丰收；其二，“大将军八面威风”的对联可视为风车文化衍生自帆船文化的线索之一；其三，喻示大风车的八面风帆可接受四面八方的来风，自动迎风运转。

① 金煦主编. 江苏民俗. 兰州：甘肃人民出版社，2003：39.

2. 性别文化

中国传统文化蕴含了“男主外、女主内”的性别分工，以及以男性为主的传宗接代观念等的性别文化。大风车的制作及其相关文化呈现了这种性别文化。

（1）性别分工。

在整个大风车和龙骨水车的制作和组装过程中，风篷或布帆都是由女性来编织或缝制的，木作加工和组装以及铁件的铸造和锻造等核心技术则由男性掌握和完成，由此形成制作大风车的性别分工。根据记载，苏北的木匠店大多由男性专营，规模大者成为木匠作坊，能雇佣木匠；规模小者常为夫妇合作，自产自销[①]。大风车的尺寸大，木匠作坊才能制作，因此风车木工的技术自然集中于男性手中。编织业为当地农民的副业，分散在农村各地，多是妇女在农忙之余编织产品，编织产品包括蒲包、蒲鞋、蒲席、蒸笼垫及蒲篷等。

（2）传宗接代。

在本次田野调查中，团队采访了曾经管理大风车的刘于柱师傅，了解到早期社会对于大风车底部的公转有一个迷信的说法。公转是在车心石上支撑车心母转的铁柱轴承，因其形似男性生殖器官（图14），当地人相信把这块铁器放在家里的床头可以保佑生育男性后代。如果没人看守风车，这块铁件容易被窃，由此可以反映出当时苏北社会以男性为主的传宗接代观念是根深蒂固的。

图14　大风车的公转（下）和母转（上）

3. 产业化文化

龙骨水车一度是中国主要的提水与灌溉装置。在沿海的盐场以及江浙地区的农田，因当地有丰富的风力资源，故风力龙骨水车被普遍使用。长久以来，这些地方形成了大风车产业化的灌溉文化。

① 金煦主编. 江苏民俗. 兰州：甘肃人民出版社，2003：55.

当地看管过大风车的刘于柱师傅说："以前风车主要有立帆式大风车、五拨（卧轴）风车、牛拉风车、滚子风车、人工风车5种，风车的使用与日常管理都需要有专人负责。风车通常在3～4级风下使用，每分钟转5～6圈。如果超出正常转速或黑风来临，需要及时下降帆的高度或调节帆脚绳来保护风车。大风车一天浇灌稻田50～60亩，其他风车浇灌30～40亩。风车的使用时间通常在每年的6—9月。风车不需使用时，将帆放下收起或用其他遮阳物将帆盖好以便延长使用寿命。"① 因此，每部风车都要有专人负责看管，使用时须随时关注风力的变化，并兼顾安全等因素。即要因应风力大小来调整风帆的角度和高度；若风力不足时，则必须改用牛拉或人力推动大风车。

沿海盐场整年都需要使用风力龙骨水车提水，而稻作区的农田主要是在清明到白露期间使用，其中6—9月间更是提水量大的灌溉期，之后则是大风车的维护期。在维护期利用农闲工匠进行大风车和水车的整修，包含风篷的修护和制作。

苏北地区的大风车的使用数量非常大。以里下河地区为例，该地区耕地超过1000多万亩，以每一大风车每日灌溉60亩稻田的能力估算，所需的大风车便是数以万计，故而当地形成了大风车的相关产业链，如大风车的制造和修护技术对于木工、编织和铁工等产业的需求，以及大风车运转所需要的专业管理员。

相较人力龙骨水车，大风车的制造与维护成本高，并非一般小农可以承担的。大风车一般为大地主、富裕盐商所有，或为农村集体合作互助制作、使用，如明代童冀的《水车行》曾说："一车之力食十家，十家不惮勤修车。但愿人常在家车在轴，不愁禾黍秋不熟。"② 故苏北人以前对财主的衡量标准是"家中有房、船、牛、车"，其中的"车"便指驱动龙骨水车的大风车。

---

① 徐骏豪. 唐宋朝代至1950年代龙骨水车的发展与运用：以江苏为考察重心. 台南：成功大学历史研究所，2007，硕士论文，206.

②（明）童冀. 尚絅斋集·水车行. 见：文津阁四库全书. 商务印书馆影印国家图书馆藏本，北京：商务印书馆，2005，集部别集类，第410册，卷3：772-773.

五、灌溉技术的改变

龙骨水车是适当科技（Appropriate Technology）的一种典型，它能根据不同地理环境和气候状况，发展出人力、畜力、水力及风力等不同的动力形式，运用于农业灌溉、盐田提水、积水排涝及河道水利工程等，解决社会民生与安全问题。然而自20世纪20年代以来，农业机械的西方化使我国传统的踏车和牛转翻车等逐渐被取代，大风车的消失有这方面的因素，但似乎更大的原因是国家政策的推动。

在此次大风车组装的空档，项目团队进行了农田灌溉现况的田野调查，发现当地主要是以电动混流式抽水机进行灌溉。灌溉机具安装在机船上、堤岸边、田间或是抽水站上，通常配有集水槽和灌溉渠道。其中，图15是安装电动抽水机的灌溉机船，它将河水抽至岸边的集水槽，并通过灌溉渠道流入农田实施灌溉。

▼图15　灌溉机船

图16是固定安装在堤岸边的电动抽水机、集水槽和输水管。此处有一或两台抽水机可同时将河水抽至集水槽，进而提供较大的灌溉流量来满足农田灌溉需求。

图16　电动抽水机及集水槽和输水管

图17是放置在田间的电动抽水机，铭牌标示是一混流式水泵，规格为扬程8 m、流量1000 m^3/h、转速980 r/s、配用功率30 kW、效率85.5%。它的驱动马达是一种三相异步电动机，功能标示是转速1470 r/s、功率22 kW、电压380 V、频率50 Hz。

图17　田间的电动抽水机

图18是电动灌溉抽水站，是当地现在常用抽水装置的主要形式。该抽水站的电动抽水机安装在站房的下方，上方的站房是用于安装马达与电控系统的机房，抽水机的出水口直接引入灌溉渠道。

图18　电动灌溉抽水站及渠道

上述混流式抽水机都属于蜗壳式混流泵，在我国是从20世纪50年代开始发展的。之前的主要设备属于离心式抽水机。不管是混流式抽水机还是离心式抽水机，其实它们和龙骨水车的特性很相似，都具有结构简单、工作可靠、操作容易、维修方便、流量均匀和抽水效率高等特点。抽水机需要高转速（1000 ~ 3600 r/s）的动力机，一般使用各式引擎和电动机才能驱动，无法使用低转速的人力与风力驱动，因此抽水机的运用和推广是需要有机械工业的基础。从技术史角度来看，离心式抽水机取代人力和畜力龙骨水车成为主要农业灌溉装置是农业机械化的必然结果。但我们认为风力龙骨水车的完全绝迹也与国家政策有直接关系。以下就我国农业灌溉机器产业的发展和国家政策来探讨大风车消失的原因。

1. 灌溉机器产业的发展

灌溉技术的改革和机器灌溉事业的成功基于农业机器产业的发展。19世纪60年代晚清洋务派开始引进西方机器，便展开了近代中国工业化运动。这场近代工业化运动不囿于军事工业的近代化，更陆续影响至各个产业的发展。其中，农业机器的发展对社会经济的影响最为巨大。起初，这些农业机器设备多自国外引进且发挥了巨大效力，如1889年《申报》曾指出西式抽水机产生的巨大效果。虽然汲水设备如龙骨车、水车等，自古代以来就广泛运用在我国的农业生产中，但是西式的蒸汽机器抽水设备效率远大于传统汲水设施[①]。不过，在早期这一类的农业机器利用规模甚小，尚处在被动进口与接受阶段。然而至20世纪20年代，由于农业生产的需求，农业机器逐渐成为我国机器制造业的主力产品。尤其长江下游地区的机器制造厂家有不少转而生产灌溉及农产品加工等方面的农业机器。

灌溉是农业生产中最基本也是人力需求极大的工作，故其机械化的需求大，促使江南地区的农业灌溉机器的生产与利用。例如，20世纪20 ~ 30年代江南地区的大隆机器厂、新中公司及上海机器厂等的主力产品都是各式抽水机，包括动力引擎和电力马达等带动

---

① 教民耕织机器说. 申报，上海：1889年8月31日，版1. 转引自：侯嘉星. 近代中国农业机器产业之研究. 台北：政治大学历史学系，2016，博士论文，40.

的离心式抽水机，是当时最主要的农业机器[①]。早期除了少数地方如常州戚墅堰具有普及的农田电力网，可作为电力机器灌溉示范区外[②]，其他农村地区因电力不足，农业机器还是以引擎动力为主流，而且这类机器使用机动性较强，既可集中设置抽水站，也可定置在堤岸边，更可安装在灌溉机船上。特别是早期农村道路建设落后，而动力引擎灌溉机船可通过四通八达的水道进行巡回灌溉。20世纪60年代，国家电力建设开始延伸至农村，并以排灌用电为重点，以解决农业用电问题，自此电力抽水机才逐渐普及。

2. 国家政策的推动

国家力量在经济发展中常扮演非常重要的角色，近代农业机器产业的发展受国家政策的影响很大，如开展各种人才的培训，尤其是20世纪30年代开展了合作运动。过去江南地区农地所有权分散，水利权的陈规颇多，加之机器费用非一般小农可以负担，因而当地不利于农业机器的利用与推广。但在合作运动的推动下，上述因素的限制得以解决，灌溉合作社大量成立，也让机器灌溉事业发展迅速。各式抽水机逐渐普及，并取代龙骨水车等传统灌溉机具，尤其是人力和畜力龙骨水车。

20世纪50年代以后，国家在农业生产方面也致力于农业机械化推动的工作，并规划以发展机器灌溉为主要方针。具体办法是强力推动合作运动，提高抽水机利用效率。例如，1953年国家开始制定实施第一个“五年计划”，中央政府制定了农业生产步骤，以抽水机利用为主要目标：“关于抽水机的推广使用，则以灌溉为主，排渍为辅；以固定设置为主，流动使用为辅。抽水机的经营方式，以公营为主，领导和推动群众合作经营为辅。此外，在农闲期间，可根据当地情况和农民需要，利用抽水机的动力来发展农村副业生产。”[③] 1958年以后，国家制定实施第二个“五年计划”更加面向高级合作社和农业生产机械化，推动二者与工业化配合，致力完成农业机械化建设。

---

① 上海之机器工业. 上海社会科学院经济研究所藏《中国经济统计研究所档案》(上海：1933年)，档号04-052. 转引自：侯嘉星. 近代中国农业机器产业之研究. 台北：政治大学历史学系，2016，博士论文，87.

② 侯嘉星. 近代中国农业机器产业之研究. 台北：政治大学历史学系，2016，博士论文，88.

③ 中南召开农业机械计划会议. 人民日报，北京，1952年9月3日，版2. 转引自：侯嘉星. 近代中国农业机器产业之研究. 台北：政治大学历史学系，2016，博士论文，280.

在上述背景下，陈立于1951年发表《为什么风力没有在华北普遍利用——渤海海滨风车调查报告》[1]，归结立轴式风力龙骨水车不能在农村广泛推广应用的主要原因。例如，现有大风车设计不良、效率低下不能适用于广大农村。文章还指出大风车有造价昂贵且维护费用过高，体积庞大（占地面积达1亩），需要专人日夜管理等问题。该调查报告所得结论多是参照对比了新式灌溉机器，为政府推动农业机械化政策的前置调查与准备工作提供了重要参考。到20世纪60年代大风车便在华北和渤海海滨地区消失，这是实施农业机械化政策、全力发展机器灌溉的结果。在同样的大背景之下，苏北地区的大风车也从20世纪50年代之后就少有新造的，逐渐改采用柴油引擎或电动抽水机，大风车仅处于修理和维护状态之中。到20世纪80年代之前，当地农业灌溉等业已全面采用新式的灌溉机器，实现全面机械化。因此，大风车与风力龙骨水车就此完全退出市场。经过复原制作，我们再现了这种风车的面貌（图19）。

① 陈立. 为什么风力没有在华北普遍利用：渤海海滨风车调查报告. 科学通报，1951，2(3)：266-268.

图19 复原的立帆式大风车

第一部分　史料研究

立轴式风力龙骨水车指利用立帆式大风车驱动的龙骨水车，为龙骨水车发展过程的其中一种形式。龙骨水车又称翻车、龙骨车、槽筒或水车，为我国及周边地区于20世纪中叶引擎动力和电力水泵普及前重要的提水装置。龙骨水车自汉代被发明以来，其形制和构造发展到唐代已经成熟并定型。它具有一种刮板式链条传动装置，与其他提水机械如辘轳、筒车等相比，不但可连续提水，而且效率高，是我国古代应用最广泛、影响最大的灌溉机械。龙骨水车根据不同地理环境和气候，发展出人力、畜力、水力、风力等不同的动力形式，主要应用于农业灌溉、盐田提水、积水排涝、河道水利等。

唐文宗大和三年（829）前，水车已有“手转（如拔车）、足踏（脚踏翻车或踏车）、服牛回（牛转翻车）”[①]等类型，而以水力驱动的水转翻车，最早记录于元代王祯《农书》（1313年刻印发行）。以风力驱动的风力龙骨水车依据风帆的运作方式又可分为立轴式和卧轴式。风车是利用气流（风）推动叶帆，将气流的直线运动变为叶帆绕其轴心的旋转运动，故运用发展的地理环境都属于风力资源丰富的季风气候地区。关于立轴式风力龙骨水车的最早文献记载可追溯至南宋（12世纪），卧轴式风力龙骨水车则约在明末清初（17世纪）出现。本章针对立轴式风力龙骨水车进行史料研究。

---

① 记载于日本天长六年（829）的《太政府符·应作水车事》，收录在日本《类聚三代格》。转引自：唐耕耦．唐代水车的使用与推广．文史哲，1978（4）：74-75.

一、文献回顾

风力龙骨水车的文献记载最早可追溯至南宋初年刘一止（1078—1161）《苕溪集》卷三《水车》[①]：

村田高仰对低窊，咫尺溪流有等差。我欲浸灌均两涯，天公不遣雷鞭车。

老龙下饮骨节瘦，引水上溯声呷呀。初疑夔踏动地轴，风轮共转相钩加。

嗟我妇子脚不停，日走百里不离家。绿芒刺水秧初芽，雪浪翻垄何时花。

农家作劳无别想，两耳未厌长呕哑。残年我亦冀一饱，谓此鼓吹胜闻蛙。

文中的“风轮共转相钩加”是否指风力龙骨水车，须有进一步资料佐证。就立轴式风力龙骨水车的构造来说，只是在牛转翻车的车盘上架设挂有风帆的风轮，即“有并牛不用，而以风运者，其制如牛车，施帆于轮，乘风旋转”[②]。牛转翻车不晚于唐文宗年间（827—840），而对其形制与构造的描述最早文献是五代郭忠恕《柳龙骨水车图》（图1-1）。该图与宋画《柳阴云碓图》（图1-2）相似，后者或许是宋人仿郭忠恕画而作。两图都清楚地描绘出车盘和跨轴，以及水牛的操作方式，但因取画视角之故，未见翻车的构造。南宋李嵩《龙骨车图》（图1-3）则不但更清楚地描绘出牛转翻车的架构与运作方式，而且龙骨水车的构造与安置情况呈现得更清楚，与近代者相同。

图1-1　五代郭忠恕《柳龙骨水车图》[③]

①（南宋）刘一止．苕溪集．见：文渊阁四库全书．台北：商务印书馆，第1132册，1983，卷3：1132-13.

②（清）宋如林等修，孙星衍等纂．松江府志．据清嘉庆二十二年刊本影印，台北：成文出版社，1970，卷5：168.

③（五代）郭忠恕．柳龙骨水车图．收藏于日本东京国立博物馆的唐绘手鉴《笔耕园》。

图1-2 宋画《柳阴云碓图》[①]

图1-3 南宋李嵩《龙骨车图》[②]

刘一止为南宋湖州归安人，即今浙江湖州市人。湖州处在太湖南岸，地形由西南向东北倾斜，西部多山，东部为平原水网区，有东苕溪、西苕溪等众多河流。湖州为典型的亚热带季风气候区，在江浙沿海具有丰富风力资源，而将太湖上中国帆船的风帆应用在龙骨水车上也是合理的发展结果。由此推断，立轴式风力龙骨水车在12世纪中叶的南宋就已经出现是有可能的。

童冀（约1324—1390）《尚絅斋集》的《水车行》[③]对风力龙骨水车的构造尺寸和使用情景做了较具体描述，并说明“永州水车不假人力，分送诸沟，可以及远数里之外，其田亦仰此水云”。文曰：

零陵水车风作轮，缘江夜响盘空云。

轮盘团团径三丈，水声却在风轮上。

①（南宋）《柳阴云碓图》近代定为南宋马逵所画，约画于1195—1224年，收藏于故宫博物院。

②（南宋）李嵩《龙骨车图》约画于1190—1230年，收藏于日本东京国立博物馆的唐绘手鉴《笔耕园》。

③（明）童冀．尚絅斋集·水车行．见：文津阁四库全书．商务印书馆影印国家图书馆藏本，北京：商务印书馆，2005，集部别集类，第410册，卷3：772-773.

大江日夜东北流，高岸低岸开深沟。

轮盘引水入沟去，分送高田种禾黍。

盘盘自转不用人，年年只用修车轮。

往年比屋搜军伍，全家载下西凉府。

十家无有三家存，水车卧地多作薪。

荒田无人复愁旱，极目黄茆接长坂。

年来儿长成丁夫，旋开荒田纳官租。

官租不阙足家食，家食复藉水车力。

一车之力食十家，十家不惮勤修车。

但愿人常在家车在轴，不愁禾黍秋不熟。

童冀，元末明初婺州（今浙江金华）人，自述："洪武丙辰（即洪武八年，1376年）冬征至京，明年而职教全湘，溯大江西上五千里。"其间，童冀作《水车行》对湖南零陵地区（在湖广省永州府辖下，为今湖南零陵县）使用风力龙骨水车的情景做了描述。当地农民沿着江边在山区迎风面使用大风车于高田提灌，借着风车带动轮盘，节省了人力。《水车行》还清楚地记载了风力龙骨水车的风轮直径为三丈[①]，大约是9.6 m。这与民国初期汉沽地区的立帆式大风车的风轮直径10 m的尺寸相当[②]，由此可见风力龙骨水车的构造与尺寸在14世纪中叶的明初已经定型。

清代周倬也仿童冀的《水车行》作《浏阳水车歌》[③]。《浏阳水车歌》前十句显示湖南浏阳农家所用大风车的尺寸和使用情境与明初的零陵地区风力龙骨水车相同：

浏阳水车风作轮，缘江旋转盘空云。

轮盘团团径三丈，水声都在风轮上。

---

① 丘光明，邱隆，杨平．中国科学技术史·度量衡卷．北京：科学出版社，2001：406-407。据此书考证：明代一尺为32 cm。又，一丈为10尺。

② 陈立．为什么风力没有在华北普遍利用：渤海海滨风车调查报告．科学通报，1951，2（3）：266-268.

③（清）周倬．袖月楼诗·浏阳水车歌．转引自：清华大学图书馆科技史研究组编．中国科技史资料选编：农业机械．北京：清华大学出版社，1982：217-218.

浏水日夜西北流，高岸低圻开深沟。

轮盘引水入沟去，分送高田种禾黍。

盘盘自转不用人，年年只用修车轮。

江南戽水用人力，赤足踏车声转急。

夫妻子女同一车，雨淋日炙色作霞。

我车较彼分逸劳，引来不怕田塍高。

一家之车溉十家，十家不惮勤修车，

但使车轮常在轴，不愁秋来禾不熟。

从“一家之车溉十家，十家不惮勤修车”我们可知风力龙骨水车的灌溉能力，以及共同使用、管理、维修的方式。湖南零陵和浏阳地区地貌复杂多样，河川溪涧纵横交错，山丘地相间分布，而且该地区属亚热带季风气候，有丰富的风力资源，为风力龙骨水车发展提供了客观条件。明代童冀《水车行》与清代周倬的《浏阳水车歌》同时说明风力龙骨水车至少自明初以来其尺寸规模就能实现灌溉十家之地，以及衍生的集体共用大风车、共同维护保养大风车的制度。风力龙骨水车成为湖南零陵和浏阳地区农田灌溉重要的装置，对农家生计与生产极具重要性。

再根据明朝其他相关文献，我们可知风力龙骨水车在风力丰沛的高山旷野、大泽平旷地区已经相当普及。例如，明朝徐光启（1562—1633）、熊三拔（Sabatino de Ursis，1575—1620）《泰西水法》（1612年初刊）卷一记载：

三代而上，仅有桔槔。东汉以来，盛资龙骨。龙骨之制，日灌水田二十亩，以四二人之力，旱岁倍焉，高地倍焉，驾马牛则功倍，费亦倍焉。溪涧长流而用水，大泽平旷而用风，此不劳人力自转矣。①

明朝徐光启《农政全书》（1639年刊印）卷十六记：

近河南及真定诸府，大作井以灌田……其起法，有桔槔，有辘轳，有龙骨木斗，有

① （明）徐光启，熊三拔．泰西水法．见：农政全书，卷19：731-263.

恒升筒，用人用畜。高山旷野，或用风轮也。[①]

明朝宋应星（1587—1666）《天工开物》（1637年刊印）记载：

扬郡以风帆数扇，俟风转车，风息则止。此车为救潦，欲去泽水以便栽种。盖去水非取水也，不适济旱，用桔槔辘轳，功劳又甚细已。[②]

由上述的文献，我们可知至明代风力龙骨水车使用的地区分布已经很广，北至河北真定府及河南府附近诸府，西至湖南永州府，南至扬郡及江南一带，主要用于农田灌溉和排涝等。

清代文献对风力龙骨水车记载较多且具体。1965年，李约瑟（1900—1995，Joseph Needham）《中国之科学与文明》机械工程学卷记载，首次在中国见到大风车之欧洲人为纽赫夫（Jan Nieuhoff）。纽赫夫是在1656年（清顺治十三年）随同荷兰使节团沿大运河北上晋京时，在江苏宝应地区见到大风车的使用情形，并绘图（图1-4）[③]记录之。此图是目前发现最早的立帆式大风车图像。图中可见运河两岸从近到远共立有6台大风车，分布密度甚高。故清代初期，江苏宝应一带农民已广泛使用立轴式风力龙骨水车来提水灌溉稻田。

此外，清朝纳兰成德（1655—1685）《渌水亭杂识》亦记载：

西人风车藉风力以转动，可省人力。此器扬州自有之，而不及彼之便易。[④]

此记载证实江苏扬州及沿海地区，从明朝（1368—1644）以降，《天工开物》等文献所记载的风力龙骨水车与纽赫夫绘图当是一致的，皆为立轴式风力龙骨水车。

---

①（明）徐光启．农政全书．见：文渊阁四库全书．台北：商务印书馆，1983（第731册），卷16：31-254.

②（明）宋应星．天工开物·乃粒．据影明崇祯刻本，并以《古今图书集成》及《授时通考》各图校正收录．台北：广文书局，1978，卷1：6.

③ 李约瑟著，陈立夫主译．中国之科学与文明（*Science and Civilisation in China*）．台北：商务印书馆，1971，第9册，《机械工程学》，407-410.

④（清）纳兰成德．渌水亭杂识．见：昭代丛书．上海：上海古籍出版社，1990，第2册，已集二十四：1350.

图1-4　荷兰使者纽赫夫所绘之1656年江苏宝应地区的立帆式大风车

18世纪以来的文献对立轴式风力龙骨水车在江浙及沿海地区应用于农田灌溉、涝灾、盐田的记载更多，且对于构造和用法的描述更加翔实。根据清嘉庆（1760—1820）刻本《松江府志》记载：

灌田以水车……有并牛不用而以风运者，其制如牛车，施帆于轮，乘风旋转。田器之巧极于是，然不可常用，大风起亦败车。①

明清时期松江府大约为今上海地区，《松江府志》明确指出风力龙骨水车是由牛转

---

①（清）宋如林等修，孙星衍等纂.（嘉庆）《松江府志》，卷5：168.

翻车演变而来的，牛车形式与南宋李嵩《龙骨车图》的样式相同。清代林昌彝（1803—1876）《砚桂绪录》也记载浙江山阴（今绍兴市柯桥区）和处州府（今丽水市）的乡村也有使用大风车于农田灌溉。书中有文对其造法与用法（安装环境）做了阐释：

山涧水车用以车水、舂碓，巧矣。然必得上流之水下注以转其车，水平处即不可施。山阴汪鼎（字禹九，1791—1854）《雨韭盦笔记》载造风车车水之法，极为巧便，尝谓船使风篷，随河路之湾曲尚可宛转用之，若于平地作风车以转水车，可代桔槔之多费人力，亦不必如舟帆之随时转侧也。风车之篷用布、蒲、竹篾者，皆可架车于平地四面有风处。风车圈各有笋，互相接续于水车，如钟表内铜圈然。其水车一如田间常用之式，置于水中，亦有笋以接风车，随之而转。又风车上下另加篷两扇，斜侧向里，留篷以逼风入车更得力。惟水车置于河道内，殊碍行船，可于隄外开一水窦，通隄内开沟三五丈，引水入大池中。池中置水车，岸上置风车，随风所向转水灌田。风车一具可转水车两具，并列图于后。昔余过浙江处州，舟中曾见乡村中用此法以车水，时日已夕，未及绘其图式，问之舟子，不能了了，今得此图，快然累日。①

上述记载造风车之法，是将船帆安置于平地的风车，并将大风车的动力利用齿轮传动来运转水车，并指出“引河水入大池，安置风力龙骨水车于大池岸上，以防碍于河道行船”。至于风帆材料，文中言用布、蒲草或竹篾等。

再者，处州府多丘陵山谷，而山阴地处沿海平原，两地都属于亚热带季风性气候，风力资源丰富因而“风车一具可转水车两具”。在风力足够的地区，一具大风车可以带动两具龙骨水车，显示大风车效能佳与灌溉田地范围之广。

光绪《宁河县志》记载清同治十年（1871）宁邑（今天津）塘沽生员井煦仿江南盐城的大风车，在塘沽制造风力龙骨水车：

宁邑，稻田盐滩，提水向用水车，运以骡马。同治十年，塘沽生员井煦，服贾江南盐城县，见有稻田以风车提水，仿其式造之。布帆八面，上有铁柱，下有铁碗，随风而行，

---

①（清）林昌彝. 砚桂绪录. 卷13. 转引自：清华大学图书馆科技史研究组编. 中国科技史资料选编：农业机械，213-214.

不烦骡马。择盐滩地势宽敞者试用之，费省功倍。若开稻田者，学制此车，利更薄矣。[①]

文中提及宁邑（清代直隶顺天府宁河县，约今天津市宁河县）的稻田与盐滩原以畜力翻车（同牛转翻车形式）来提水，清同治十年后开始改以大风车提水。这是在历史文献中首次提到立帆式大风车结构的典型特征："布帆八面，上有铁柱，下有铁碗。"

清末至民国初期的江苏江阴诗人金武祥（1841—1924）在《栗香二笔》（清光绪刻本）中也记载了江苏地区农民使用大风车的情景：

寿阳祁春圃相国《䜩䜣亭集》，有《水轮歌》一篇。其序云："余过南赣诸境，见农人机轮挽章、贡二水灌田，轮径围大可数丈，每轮以竹篇斜缀其首，吸水上升，俯泻木槽，分注田间，视龙骨车以人力挽水者，力逸而功倍矣。余按此须施于山涧及河水湍急处，以水激轮，以篇吸水，兼可作碓。余行湖湘两广间，均有之。吾乡田平水缓，江北通泰诸邑，则用风车，其式以蒲为篷，八中立柱，八篷围绕之，随风左右，下置龙骨车，挽水而上，日夜不绝，较水车同一便疾也。"[②]

金武祥于《栗香二笔》一书描述其故乡地势平缓，长江以北通州（今南通）和泰州附近各县的农田多用大风车灌溉。文中所提及的风车"以蒲为篷"则指以蒲草编织成的风帆；"八中立柱"则为形似八棱柱的大风车框架结构；"八篷围绕之"则表示八面风帆环绕大风车骨架。由此可见，这为标准的立帆式大风车结构。因而扬州府辖下的通州和泰州附近各县与金氏的故乡江阴于清末时期均有使用大风车的踪影。

光绪《宁河县志》大抵是最早记载盐田使用风力龙骨水车的文献。之后，在诸多文献中都有沿海盐田使用风力龙骨水车的记录。清代周庆云（1866—1934）编纂的《盐法通志》记载，河北长芦地区盐户制盐时使用风车汲取盐水，并记述了立帆式大风车的构造与重要的尺寸：

---

①（清）关廷牧修，徐以观纂．宁河县志．卷15．转引自：清华大学图书馆科技史研究组编．中国科技史资料选编：农业机械，218.

②（清）金武祥．栗香二笔．卷1．转引自：清华大学图书馆科技史研究组编．中国科技史资料选编：农业机械，218.

风车者，借风力回转以为用也。车凡高二丈余，直径二丈六尺许。上按布帆八叶，以受八风。中贯木轴，附设平行齿轮。帆动轴转，激动平齿轮，与水车之竖齿轮相搏，则水车腹页周旋，引水而上。此制始于安凤官滩，用之以起水也。

长芦所用风车，以竖木为干，干之端平插轮木者八，如车轮形。下亦如之。四周挂布帆八扇。下轮距地尺余，轮下密排小齿。再横设一轴，轴之两端亦排密齿与轮齿相错合，如犬牙形。其一端接于水桶，水桶亦以木制，形式方长二三丈不等，宽一尺余。下入于水，上接于轮。桶内密排逼水板，合乎桶之宽狭，使无余隙，逼水上流入池。有风即转，昼夜不息。不假人工，不资火力，洵佳构也。

又按：一风车能使动两水车。譬如，风车平齿轮居中，驭驶两水车竖齿往来相承，一车吸引外沟水，一车吸引由汪子流于各沟内未成卤之水。或曰是车因风车为力，无风则滞，不如改用牛马牵机，可以常常不息云。

水车：车长约二丈余，高一尺八寸许，横宽尺许，首尾两端皆齿轮，首轮较尾轮大，有径六寸许，之木横亘其间，受风车平齿之激，搏力车页，轮回自转。凡车页视车长短为度，两页距离四寸七八分，中安长木薄片，平准页势，望之形如骨脊蠕动。南方灌田水车制与此同，蜀楚间人谓之龙骨车矣。[①]

长芦盐场范围为渤海湾西岸，南起今海兴县，北至秦皇岛之山海关（约为清代天津府范围），主要盐场为黄骅、塘沽、汉沽、大清河、南堡五大盐区。其中，长芦汉沽盐场的规模最大，历史最为悠久，前身为设立于后唐同光三年（925）的芦台场。据《明史·志第五十六·食货四》记载："明初（按：明洪武二年，1369），置北平河间盐运司，后改称河间长芦（河间长芦都转运盐使司）。所辖分司二，曰沧州，曰青州；批验所二，曰长芦，曰小直沽；盐场二十四，各盐课司一。"[②]长芦盐场的形成条件为地势平坦，海滩宽广，风多雨少（按：利于风车的使用），日照充足，蒸发旺盛。

又《盐法通志》记载，河北长芦盐产区的立帆式大风车始于"安凤官滩"。安凤官

---

①（清）周庆云．盐法通志．转引自：清华大学图书馆科技史研究组编．中国科技史资料选编：农业机械，225.

②（清）张廷玉等修．明史．卷八十，志第五十六：0831.

滩即位于奉天盐区（约在今辽宁境内）凤城县境内的安凤盐场。据《中华盐业史》记载，清代奉天盐区诸多盐场，如安凤、复州、庄河盐场内盐户普遍运用风车汲取卤水。盐户所用风车为“八面布篷风车”：

以布为篷，以木以铁为轮轴，以木板为斗，其篷形似帆船之篷，起落之法亦似。兜风转轮，木斗即能提水入小沟，由小沟入大圈，由圈入卤台。①

光绪《宁河县志》又称长卢塘沽的风车仿自江南盐城，可见清代时我国沿海盐区与江浙地区使用立帆式大风车已经相当普及。

1951年，陈立《为什么风力没有在华北普遍利用：渤海海滨风车调查报告》②记载，20世纪50年代华北平原使用风车的地区多位于渤海湾沿岸的滨海地区，包括汉沽、寨上、塘沽、邓沽、新河等一带，如汉沽、寨上地区有2965架大风车，塘沽、大沽地区有300余架大风车，陈立实地调查当时正在使用的立轴式风力龙骨水车（图1-5）的结构、制造、使用等情况，发现它们的结构几乎完全相同。这些地区的风车也与李约瑟《中国之科学与文明》一书所附之纽赫夫的大风车有一样的外形与构造，如同《盐法通志》所述，并以民间的诗歌为证：

大将军八面威风，小桅子随风转动。

上戴帽子下立针，水旱两头任意动。

1957年拍摄的影片《柳堡的故事》③保留了丰富而多样的大风车动态画面，更是对这项技术传统的一次活的影像记录。我们虽然无法从影片了解足以复原大风车的详细的内部构造，但该影片是在苏北水乡地区特有田园风光下拍摄的。转动的大风车与稻田、板桥、轻舟、流水、蒲草等景物一起真实地记录了大风车于20世纪50年代在苏北地区使用的情况。影片的插曲《九九艳阳天》也把大风车放入了委婉动情的旋律中：

九九那个艳阳天来哟，

---

① 田秋野，周维亮编．中华盐业史．台北：商务印书馆，1979：331.

② 陈立．为什么风力没有在华北普遍利用：渤海海滨风车调查报告．科学通报，1951，2(3)：266-268.

③ 胡石言，黄宗江编剧，王苹导演．柳堡的故事．北京：八一电影制片厂摄制，1957.

十八岁的哥哥呀，坐在河边，

东风呀，吹得那个风车转哪，

蚕豆花儿香呀，麦苗儿鲜，

风车呀，风车那个依呀呀地转哪，

小哥哥为什么呀，不啊开言？

……

随着这情歌唱和的动情旋律，苏北大风车最后的历史影像得以长久流传下去。

正如陈立的调查报告所言，相较于内燃机或马达水泵，立帆式大风车“效率低微”“价格昂贵且维持费用过高、体积庞大（占地面积达1亩）、需要专人日夜管理”。因此自20世纪50年代始大风车渐渐被内燃机或马达水泵取代。1982年中国风力资源调查时，调查人员在苏北的盐城市阜宁县沟墩的盐田中发现有一台已经损坏无法运转的立帆式大风车。该风车为流传至今的最后一台大风车①。2006年，我们启动中国立帆式大风车的复原计划，才完整得到其技术与工艺资料。

图1-5　20世纪50年代河北大沽盐田之立轴式风力龙骨水车图②

---

① 易颖琦，陆敬严．中国古代立轴式大风车的考证复原．农业考古，1992（3）：157-162.（源自：易颖琦．立轴式大风车的考证、复制、研究与改进．上海：同济大学，1990，硕士论文，34-36.）

② 李约瑟著，陈立夫主译．中国之科学与文明．台北：商务印书馆，1971，第9册，机械工程学，409.

二、构造分析

根据上述的史料研究与本次复原计划的成果可知，立轴式风力龙骨水车是中国传统灌溉技术的集大成者。它经历700年以上的使用，发展出结构简洁、传动简单的机器系统，其制作技术已经相当完善成熟，是中国古代比较有代表性和影响性的技术集成。立轴式大风车集成了机器系统设计、木构技术、力学技术、风帆技术、绳索滑轮机构、轴承装置、齿轮机构、链条传动、铸造技术及锻造技术等。以下将立轴式风力龙骨水车分为动力、传动及工作三大系统进行构造与工作原理的分析。

（一）动力系统

动力系统即立帆式大风车。它有一个巨大的风轮，风轮的中轴以旋转接头与机架连接，以风帆承受来自四面八方的风力，进而产生扭力以齿轮接头传至跨轴。风轮由一系列木质杆件连接成八棱柱状的框架结构（图1-6）。其中，中轴称为车心，是整部风车骨

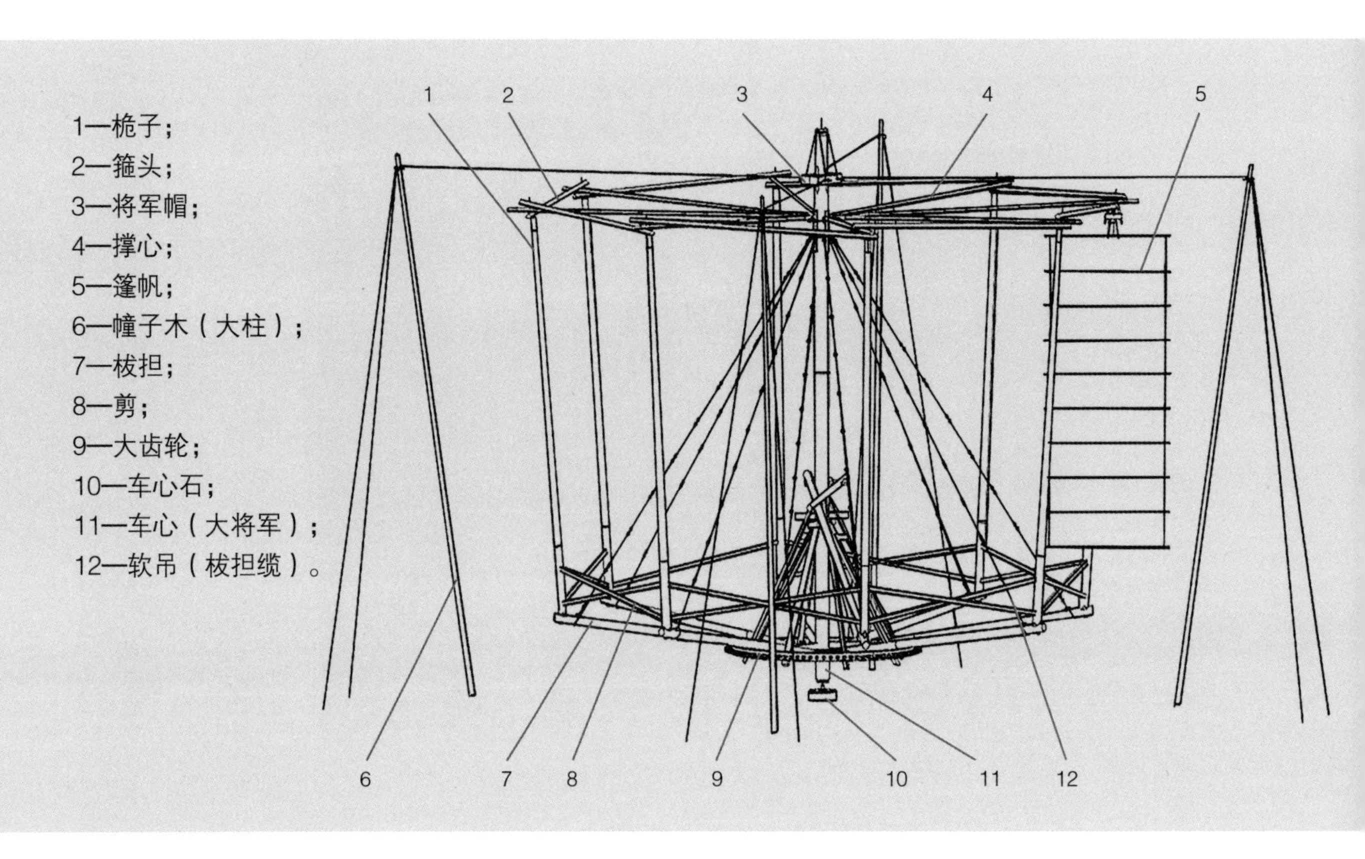

图1-6　立帆式大风车结构示意图

架的枢纽和中心转轴，又称大将军，是取自中国帆船桅杆的俗称，也证明大风车设计概念来自帆船。车心不但是风轮外形尺寸最大的杆件，也是加工面最多的部件，用于连接其他杆件。因此，车心的设计决定大风车的大小与形式。

车心上部钉有4个铁角的轴套处安装1个将军帽，形成一滑动轴承（图1–7），车心可在将军帽的内孔里自由旋转。将军帽的定位是在它的4个方位利用铁闩子以4条大缆拉住，大缆的铁环套在幢子木（大柱）上，通过幢子木后系在石桩上。

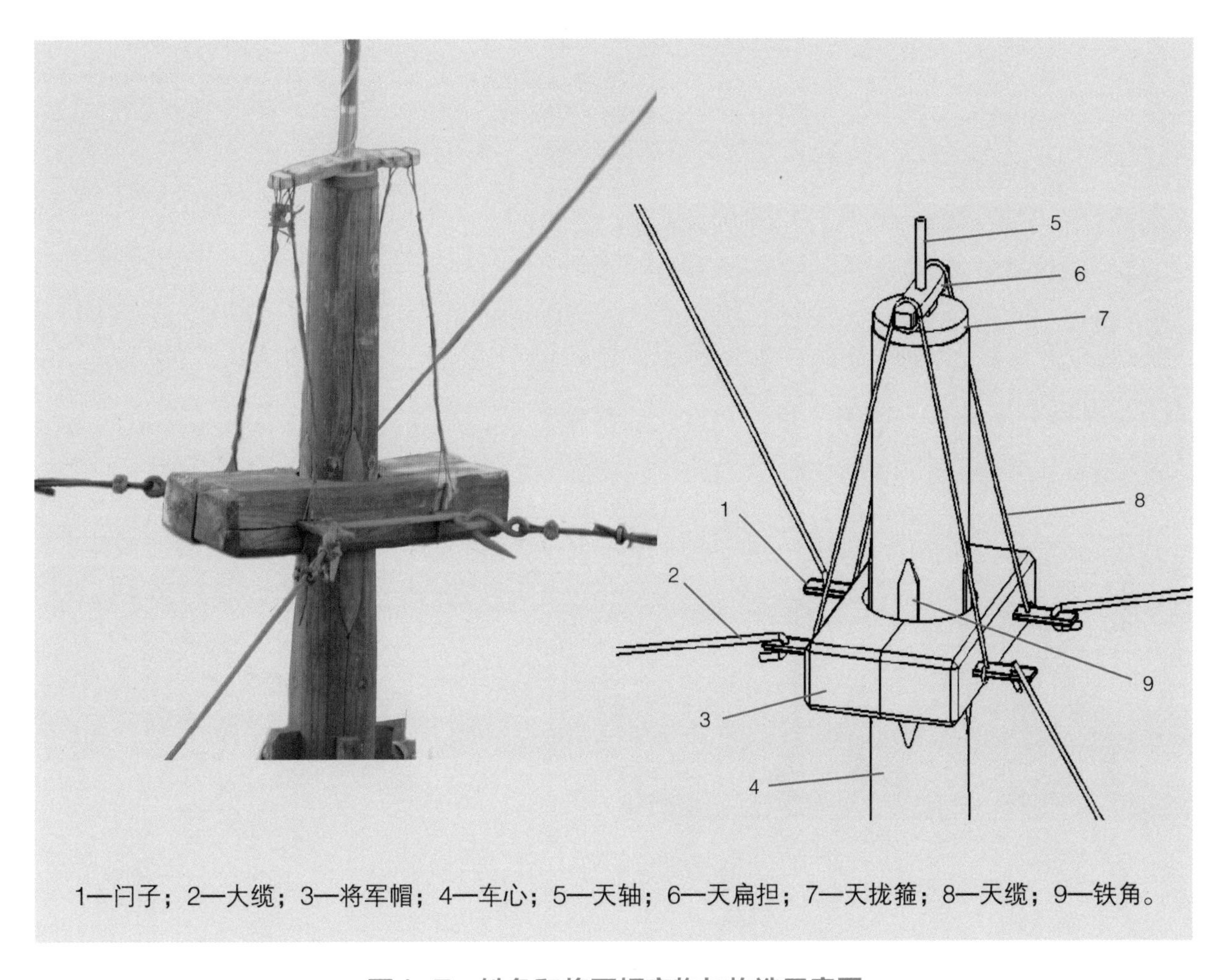

图1–7　铁角和将军帽实物与构造示意图

车心底端嵌入一母转（地扁担），其中心点与车心石上的公转（踏针，针状铁柱）配合（图1–8）。整个车心顶在公转上自由旋转，如此，可承受超过700 kg重量的风轮，转动时产生的摩擦力也可以达到最小，从而使大风车转动的阻力减小。大风车便可以轻松运转。

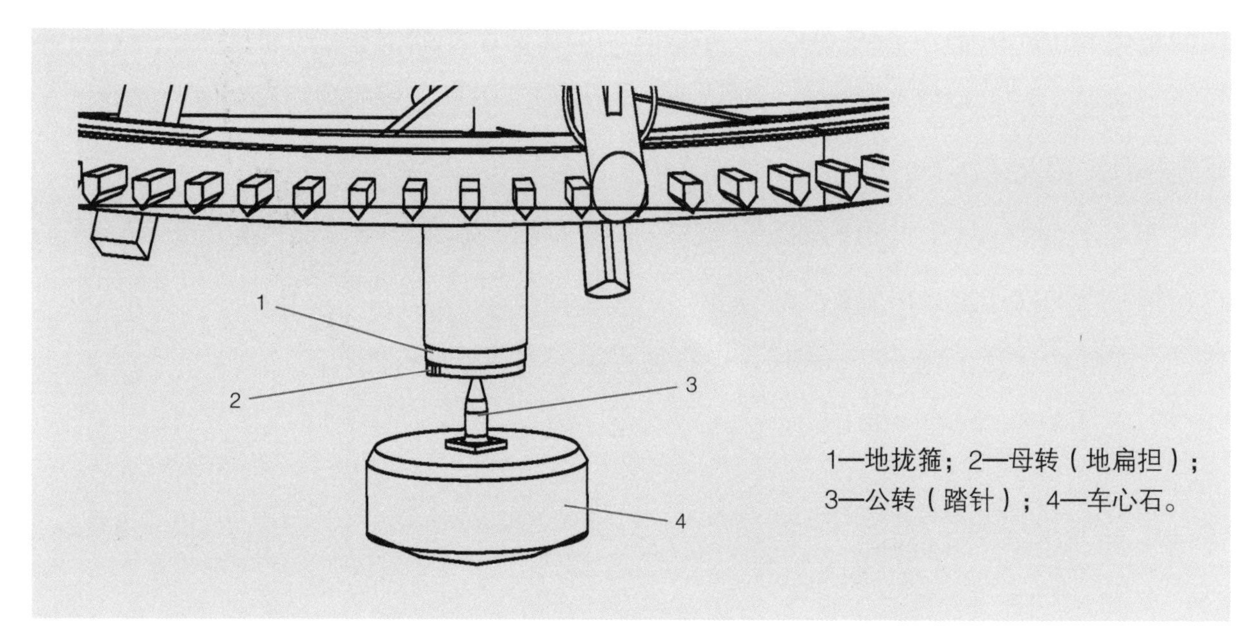

图1-8　公转和母转的配合设计示意图

车心下部以2根通穿和4根支穿与大齿轮榫接，通穿与支穿形成大齿轮的轮辐，并利用8根挂分别与车心上的羊角、大齿轮的挂棰榫接，来支撑大齿轮及负载其上的重量（图1-9）。

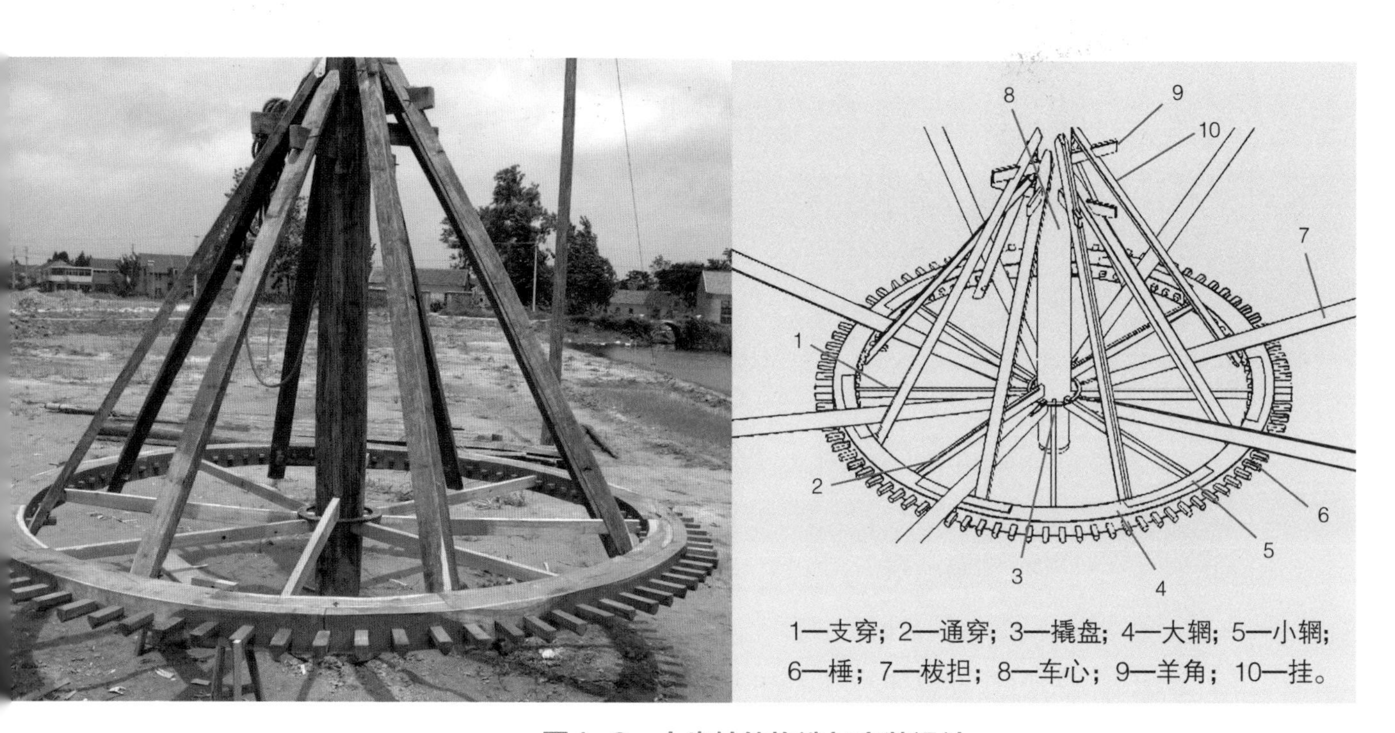

图1-9　大齿轮的构造与安装设计

风轮下端的8根辐杆称为梭担，跨在大齿轮上，内端钩接在撬盘上，外端与桅子榫接。另有一梭担为提供牛只驱动空间之便利，其内端改挂在羊角之上，则称为吊梭担（图1-10）。为减轻梭担承受的弯矩，近外端以软吊吊之，软吊钩接在车心上部的金刚镯上。

1—桅子；2—吊梭担；3—剪；4—大齿轮；5—梭担；6—软吊（梭担缆）；7—车心；8—羊角。

图1-10　吊梭担的安装设计

风轮上端的8根辐杆称为撑心，内端钩接在车心上部的花盘上（图1-11），外端则与桅子上端的铁桅榫榫接。各桅子间的上端处以箍头连接，下部以2根剪交叉榫接，这对风轮的结构稳固有很大的作用。

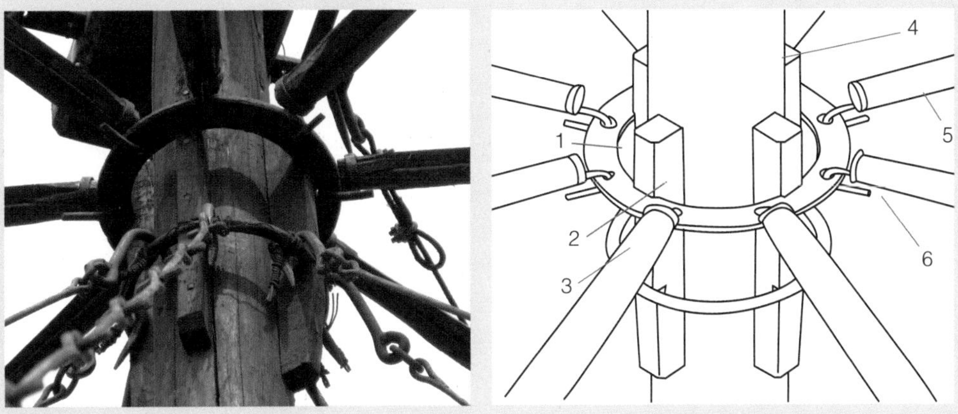

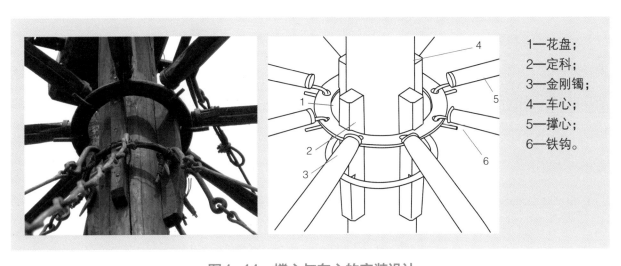

1—花盘；
2—定科；
3—金刚镯；
4—车心；
5—撑心；
6—铁钩。

图1-11　撑心与车心的安装设计

风轮的风帆犹如水轮的叶片用来撷取能量。风帆的设计理念来自我国的纵帆。风帆装置在风轮的8根桅子上，共有8张，可使大风车承受各个方向来风，而不受风向改变的影响。这使风帆成为一种独特的动力装置（图1–12）。本次复原工作先后以帆布和蒲草来制作风帆，其中布帆尺寸是长4 m、宽2 m，篷帆因容易透风，长度增加到4.5 m。两种帆面都是以10根篷竹为桁骨（含上下两端）。

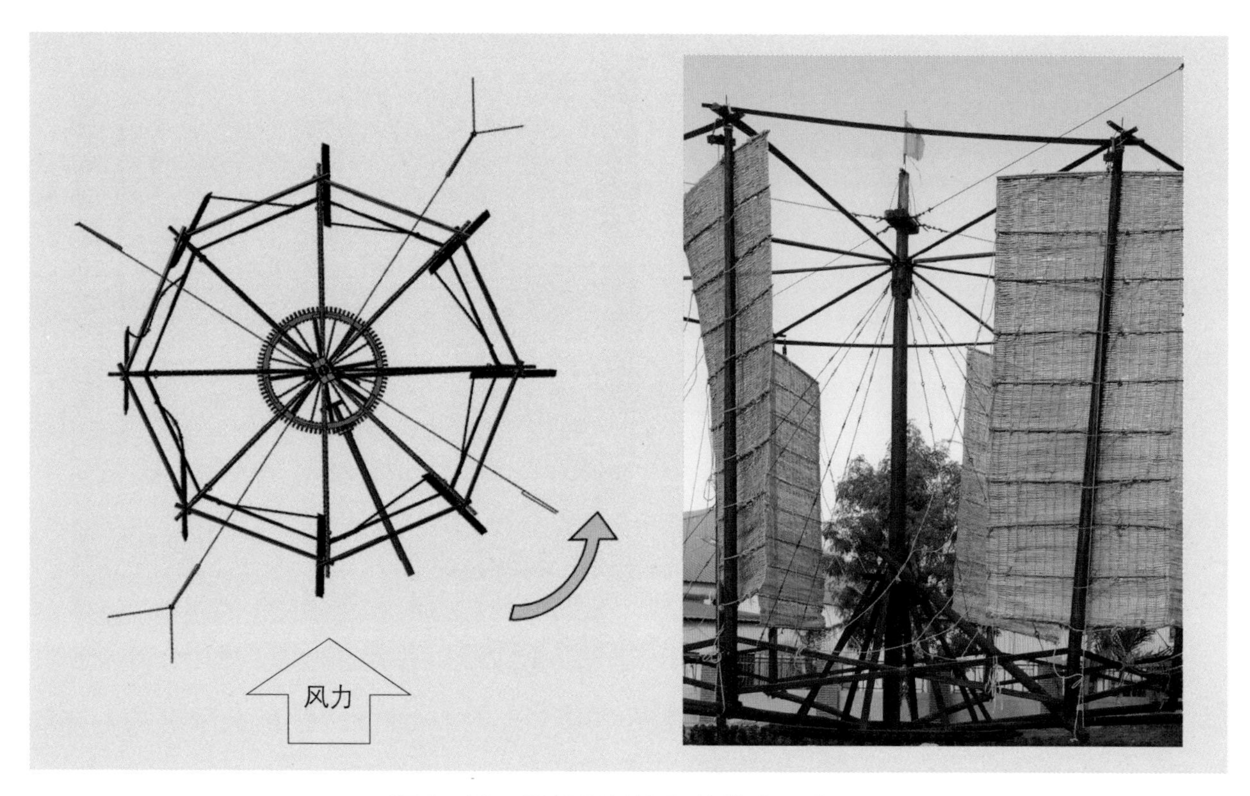

图1–12　风帆及其迎风的状态示意图

每张帆以包桅和篷纽子套在桅子上，在上端篷竹系上升帆索，悬吊地挂在箍头上提头的铃铛（滑车）上，升帆索下方系有一挂绳可套在棱担端，用来固定风帆高度，像船上的帆一样可以升降升帆索调节风帆的高低（图1–13）。风帆以桅子为轴分成长边和短边，在长边的篷竹端系有帆脚索，帆脚索另一端系在邻边的桅子和剪上，用来控制风帆的受风面积。因此，可以根据风速的大小，利用升帆索调整风帆的高度或增减帆脚索的长度来改变风帆与风向的夹角，达到调节风车的转速的目的。若风力过大，可站在定点，一一释放套在各棱担上的挂绳，风帆便逐次落下，以免转速过快而破坏整个大风车装置。

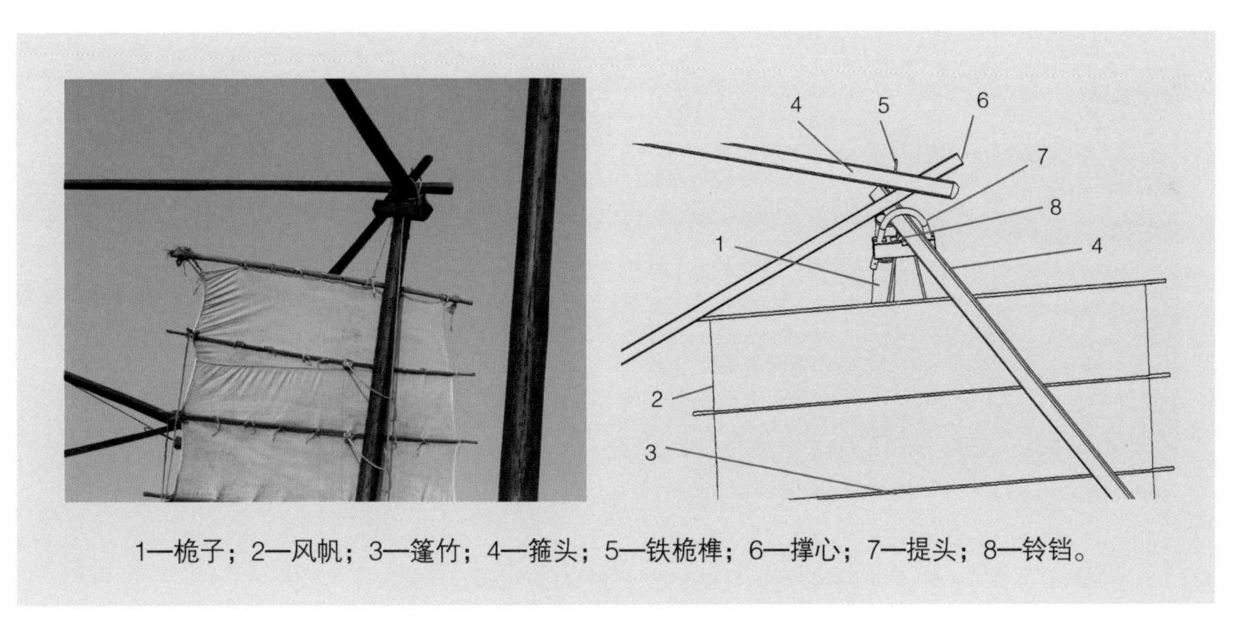

1—桅子；2—风帆；3—篷竹；4—箍头；5—铁桅榫；6—撑心；7—提头；8—铃铛。

图1-13　桅子顶端与风帆的安装设计

（二）传动系统

传动系统包含齿轮机构（大齿轮、旱拨）、链条传动机构（水拨、龙骨、机掇子）以及跨轴。由于大齿轮的尺寸大，为便于选材与加工，工匠采用了分段多键连接的车辋结构。车辋被分作6大段，即有6个大辋，又分别以小辋榫接，再以榫作为榫销固定。车辋全部用桑木制成，特点是木材质地坚硬，适合尺寸大、精度高、加工面的种类与数量多的加工工艺需求。

齿轮机构由大齿轮（88齿）与旱拨（18齿）相啮合而成（图1-14）。大齿轮是一个具有88个榫（轮齿）的轮辐式正齿轮，外周直径一般为3.2 ~ 3.5 m。旱拨则是一个圆桶形的拨身且拨身上均匀分布18根榫齿的小齿轮。旱拨须固定在跨轴的一端，与大齿轮啮合而旋转，从而带动跨轴转动。

跨轴是大风车与龙骨水车之间的传动轴，头尾部分别安装有旱拨与水拨，两端则分别镶有旱拨钏与水拨钏，可在游子（轴承座）上旋转。水车与风车间传动的离合转换是将跨轴往外或往内的轴向移动，使钏与游子分离或接触，以达到大齿轮和旱拨之榫齿的分离或啮合。水拨钏与旱拨钏是铸铁件，造型和尺寸相同，内孔呈八角形，安装在跨轴两端，以梯形板固定。水拨钏与旱拨钏的外轮廓为圆形并具有圆弧形沟槽，可在桑木杆

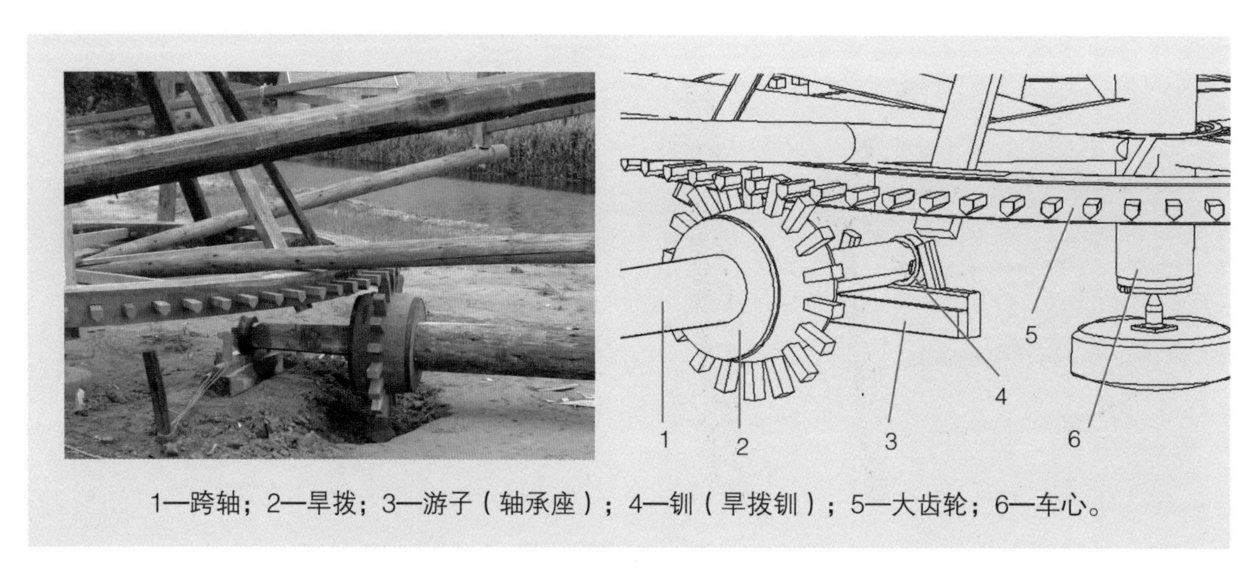

1—跨轴；2—旱拨；3—游子（轴承座）；4—钏（旱拨钏）；5—大齿轮；6—车心。

图1-14 齿轮机构的构造与安装设计

制的游子上滚动，并常用菜油润滑，经过磨合后，接触曲面的啮合更好，跨轴的旋转也更平稳。这是传统轴承的形式之一。

链条传动机构由水拨（主动链轮）、龙骨（链条）、机掇子（从动链轮）组成。水拨拨身与跨轴通孔的直径都比旱拨者小，水拨有9个水齿，水齿的外形扁而宽大。

以机构的传动而言，龙骨水车的龙骨是以鹤子与水拨、机掇子相啮合。水拨以齿顶与鹤子后端的刻口啮合，带动龙骨运动（图1-15）。

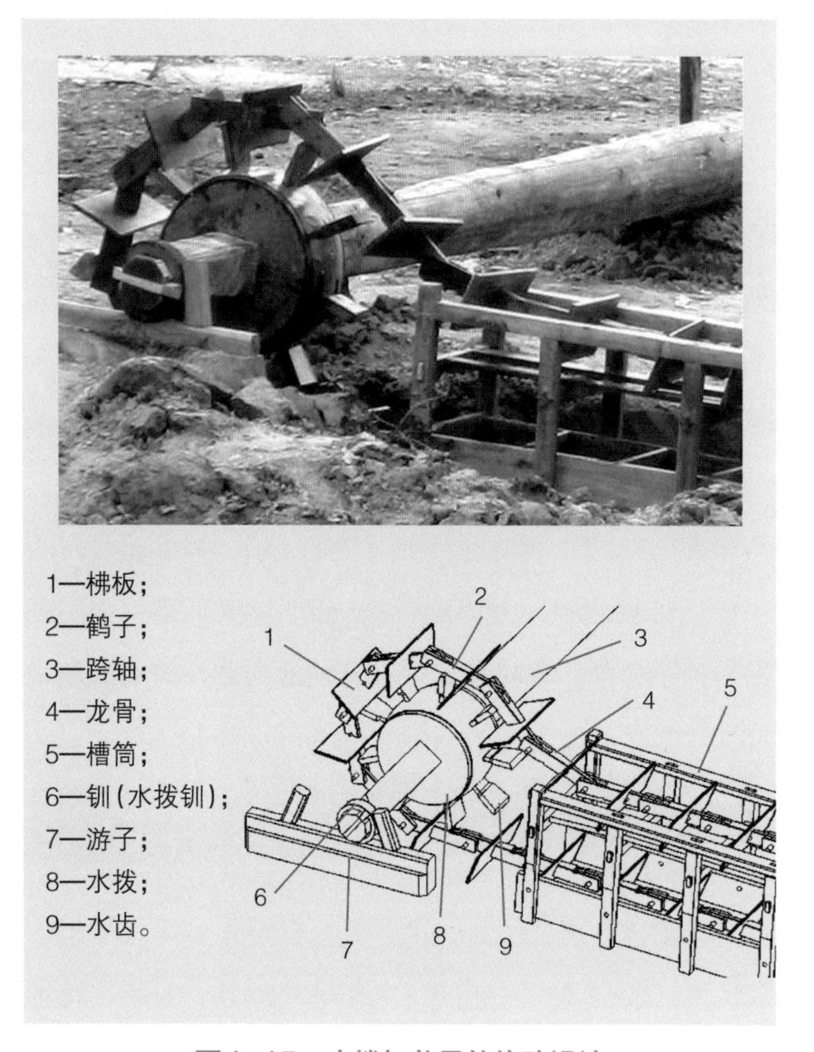

1—梯板；
2—鹤子；
3—跨轴；
4—龙骨；
5—槽筒；
6—钏(水拨钏)；
7—游子；
8—水拨；
9—水齿。

图1-15 水拨与龙骨的传动设计

机掇子的水齿顶则是各与两相邻鹤子弯曲处相啮合（图1–16）。此啮合方式使其结构简单、制作容易。

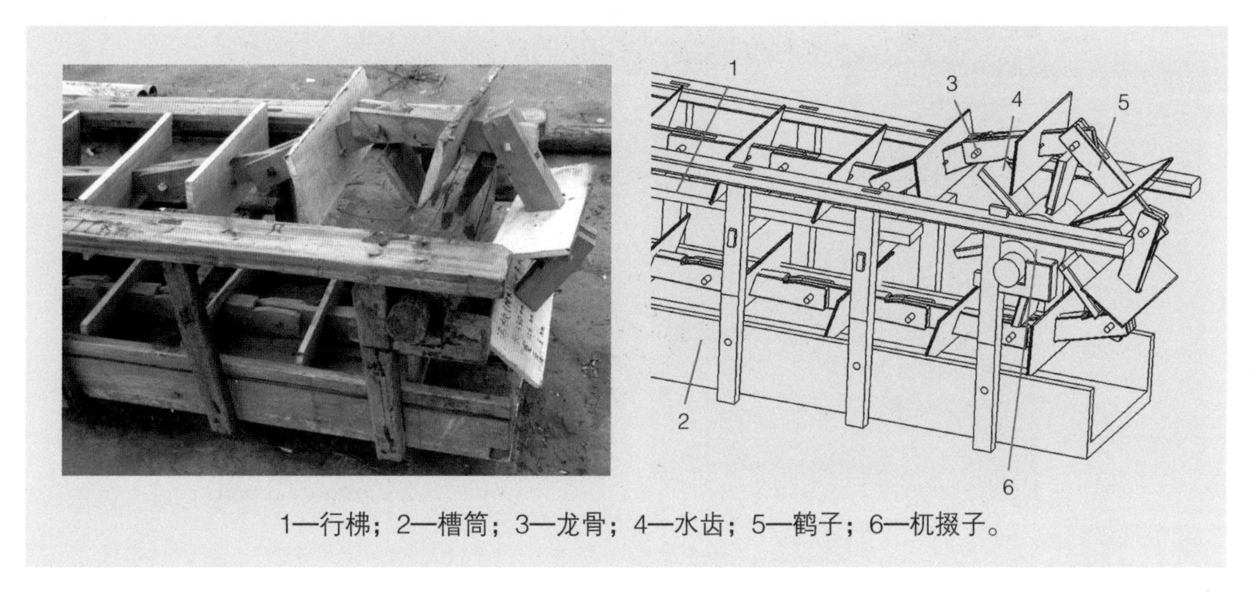

1—行梻；2—槽筒；3—龙骨；4—水齿；5—鹤子；6—机掇子。

图1–16 机掇子与龙骨的传动设计

（三）工作系统

工作系统即龙骨水车。它具有一种刮板式链条传动装置，是世界上独特的链式水泵，主要用于提水灌溉或制盐。龙骨水车由槽筒、龙骨、水拨及机掇子等部分组成（即槽筒与链条传动机构的组合）。使用时，槽筒尾部吊挂在三叉架上，机掇子下半部分置于水面以下，头端架于岸上与跨轴上的水拨相对（图1–17、图1–18）。水拨的转动带动龙骨与槽筒尾端的机掇子转动，以达到龙骨链节上的梻板（龙骨板）连续提水。

槽筒为箱形结构，以梻板的宽度制作水槽，中间安置行梻（行道板）将槽筒隔成上下两空间。梻板可在槽筒下部空间运行汲水，上部空间的梻板则可在行梻上运行，以避免下陷至与下部空间的梻板相碰撞而不能运转。本次复原制作的水槽长近6 m，可适用于较高的水头；且槽筒并非如古今龙骨水车示图中常见的直线形，而是中间略高的低拱形，以减少梻板与槽筒中段底板的间隙，保证提水效率。机掇子安装于槽筒尾端，从动链轮机掇子有6根水齿，水齿的外形与水拨齿一样皆是扁齿，而非柱状的棰。

龙骨是一种刮板式链条，由多个链节连接而成。每个链节由梻板、鹤子、枧子及

图1-17　龙骨水车与跨轴的安装设计

图1-18　龙骨水车与三叉架的安装设计

逼棉4个零件组成。鹤子是龙骨主要传动零件，其前端为凸形，后端为凹形，凸端安装棉板，以逼棉（小木销）固定。鹤子前后端各有一圆孔，故两两鹤子能凹凸相合。龙骨制作时可将梘子（木销）插入圆孔，使其铰接而能弯曲自如，因而串接结成龙骨（图1-19、图1-20）。鹤子后端有一小刻口，用来与水拨齿齿顶相接触啮合，龙骨既是传动件也是工作件。槽筒中装设一个防止倒退的搭楔子，因而只能沿着一个方向带动链条连续运动。

在安装时，利用水拨与龙骨链条、机掇子的配合，一方面可校验水拨齿与各链节的啮合是否正常；另一方面可以确定龙骨的链长，去掉冗余的链节以作为维修用的备件。由于每个龙骨链节的零件都可以互换，因此它的加工过程类似一个标准件的生产与装配的过程。

图1-19　鹤子与水拨的啮合传动设计

图1-20　鹤子、逼梯、枧子等零件

第二部分　田野调查

中国立帆式大风车的复原计划方案成败的关键之处在于能否寻找到曾制造过且有能力制作立帆式大风车和龙骨水车的工匠。因此，田野调查是本复原计划的重要步骤。

中国立帆式大风车复原计划方案的整个田野调查的研究历程主要分为三大阶段（图2-1），包含先行研究、寻找工匠、制作与测试。

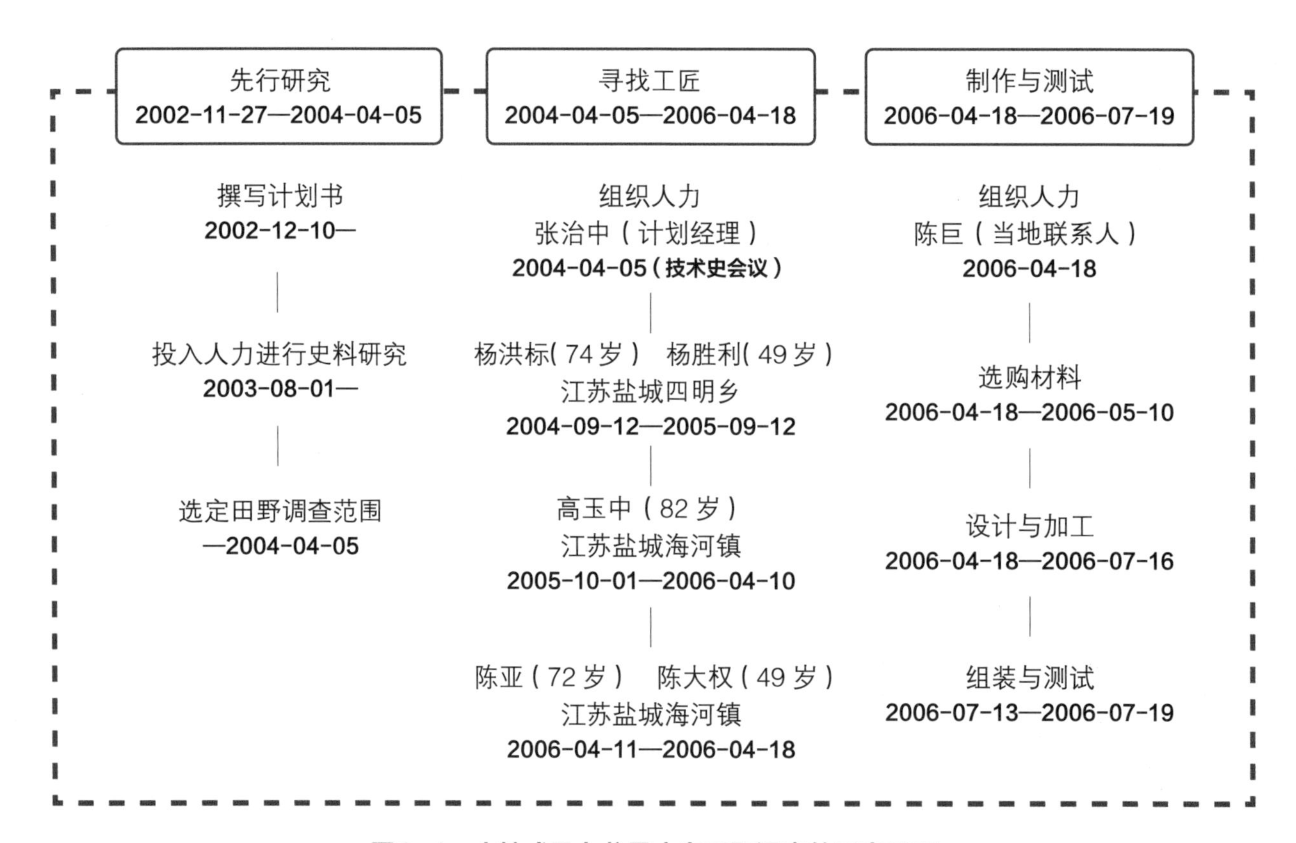

图2-1 立轴式风力龙骨水车田野调查的研究历程

一、先行研究

先行研究的工作内容包括撰写计划书、研究史料及选定田野调查范围等。

1.撰写计划书

张柏春研究员在1991年至2002年进行传统技术的调查过程中，也曾对立帆式大风车进行过调查，了解苏北地区已经没有在使用大风车进行灌溉，而且也没发现大风车的实物。林聪益在2002年起因应机械史课程的需要进行史料的搜集、整理及分析，深感进行立轴（帆）式风力龙骨水车的复原研究的重要性与紧迫性，故在2002年11月邀请张柏春研究员进行学术交流。其间，两人商定合作进行大风车的田野调查与复原制作，且由双方各自撰写计划书争取执行经费。

撰写计划书主要的目的是申请执行本计划的经费，并进行本计划研究方法与步骤的规划与建立，以利计划的执行。但本计划在经费的申请一直是不顺利的，双方都没有得到任何单位的经费资助。

2. 研究史料与选定田野调查范围

2002年底至2003年6月间因传染性非典型肺炎（SARS）影响，田野调查一度受到阻碍，也正因如此，团队进行了较详细的史料研究和分析。2003年8月，项目开始安排研究生（徐骏豪）进行史料研究[①]，力图从历史文献史料的角度，研究立轴式风力龙骨水车的特性、使用地区与使用者之间的关系，进而确认田野调查的地区与范畴。

为了确保本次田野调查符合立轴式风力龙骨水车之使用历史的代表性与复原制造的可行性，项目组首先针对民国之前相关立帆式大风车的文献进行使用区域分布的分析，了解历史上使用大风车分布的集中区域；然后参考近现代大风车使用的文献，以了解工匠存在的地区。

（1）符合使用历史的代表性

根据大风车的史料研究，项目组针对分布地区进行史料文献的汇整与分析，结果如表2-1。由表2-1可知大风车的主要分布地区是江浙地区和沿海盐区。其中，江苏占文献记载总数的8次，浙江为2次，湖南为2次，直隶（河北）为2次，辽宁为3次，风车分布记载数总共为17次。所以，江苏占文献记载的占比为47%，浙江为11.8%，湖南为11.8%，直隶（河北）为11.8%，辽宁为17.6%，以江苏记载使用大风车的占比最高。从大范围而言，田野调查区域应先决定从江苏省着手，特别是苏北的扬州、泰州、盐城及淮安等地区。

① 徐骏豪. 唐宋朝代至1950年代龙骨水车的发展与运用：以江苏为考察重心. 台南：成功大学，2007，硕士论文.

表2-1 民国之前立帆式大风车分布区域表[①]

省	府	州、县	文献出处
两浙西路(浙江)	临安府	湖州归安	(南宋)刘一止《苕溪集》
浙江	处州府		(清)林昌彝《砚桂绪录》
湖广(湖南)	永州府	零陵	(明)童冀《尚絅斋集·水车行》
湖南	长沙府	浏阳	(清)周倬《袖月楼诗·浏阳水车歌》
江苏	扬郡	约今扬州、泰州、江都等地	(明)宋应星《天工开物》
江苏	扬州府		(清)纳兰成德《渌水亭杂识》
江苏	松江府		(清)《松江府志》清嘉庆刻本
江苏	松江府		(清)倪倬《农雅》
江苏	淮安府	盐城县	(清)《宁河县志》
江苏	扬州府	宝应县	李约瑟《中国之科学与文明》(第九册)
江苏	扬州府	泰州附近诸县	(清)金武祥《粟香二笔》
江苏	常州府	江阴	(清)金武祥《粟香二笔》
直隶	顺天府	宁河县	(清)《宁河县志》
直隶	长芦盐区(天津府范围)	黄骅、塘沽、汉沽、大清河、南堡五大盐区	(清)周庆云《盐法通志》
辽宁	奉天盐区(奉天府)	安凤盐场(凤城县境)	田秋野、周维亮《中华盐业史》
辽宁	奉天盐区(奉天府)	复州场(复县)	田秋野、周维亮《中华盐业史》
辽宁	奉天盐区(奉天府)	庄河场(庄河县)	田秋野、周维亮《中华盐业史》

(2)复原制造的可行性

对大风车近现代文献资料的搜集、研究、分析是决定此次复原计划可行性的基础。因此，项目组必须调查出近百年来还在使用大风车的地区，进而才能见到立轴式风力龙

① 徐骏豪.唐宋朝代至1950年代龙骨水车的发展与运用：以江苏为考察重心.台南：成功大学，2007，硕士论文，137-139.

骨水车使用的踪迹和文化，以及找到曾参与制作与维修的工匠。

近现代关于大风车重要的资料有3条：

①1951年陈立的《渤海海滨风车调查报告》。根据陈立的调查，20世纪50年代初期渤海海滨的汉沽寨上区和塘大区（今天津境内）就有风力龙骨水车约六百部[①]，但在60年代已经绝迹了[②]。

②20世纪50年代的电影《柳堡的故事》。电影中有关立轴式风力龙骨水车的运转情形与使用大风车的地理环境都有相当清晰的片段。柳堡是江苏省扬州市宝应县柳堡镇，但实际拍摄地点是在柳堡镇附近靠近盐城市的大纵湖，20世纪50年代当地仍有大风车使用。

③1982年在全国开展的风力资源调查。此次调查只发现在苏北的盐城市阜宁县沟墩地区的盐田中有一台已经损坏且无法运转的立轴式风力龙骨水车，此为最后一架大风车。1985年，同济大学中国机械史课题组前往苏北盐城市阜宁县沟墩地区进行大风车的实地考察，并没有发现实物，由此确定了大风车在1983年已经绝迹。于是课题组便请来了一位曾制作过大风车的老木匠师傅和一些曾使用过大风车的老人，请他们讲述大风车的结构、尺寸、材料、制作与安装情况以及操作使用方法等，并据此复制了一台1:10比例的立轴式风力龙骨水车模型[③]。

根据上述大风车的近现代文献资料可知，渤海海滨地区沿用大风车到20世纪60年代，而苏北地区，如扬州的宝应镇到盐城的阜宁县一带，一直使用大风车到20世纪80年代。因此，后段时期距2004年不过20余年，其制作与维修的工匠应该是健在的。

综合上述两项分析，项目组认为调查范围的选择应以扬州的宝应镇到盐城的阜宁县一带为起点。这个范围不但符合历史的代表性特点，而且可寻找到能制作大风车工匠的机会也高，故复原制造的可行性也大。

---

① 陈立．为什么风力没有在华北普遍利用：渤海海滨风车调查报告．科学通报，1951，2(3)：266.

② 易颖琦．立轴式大风车的考证、复制、研究与改进．上海：同济大学，1990，硕士论文，35.

③ 易颖琦，陆敬严．中国古代立轴式大风车的考证复原．农业考古，1992（3）：157-162.

二、寻找工匠

1. 组织人力（2004-04-05）

经过上一阶段的先行研究，项目组认为江苏扬州到盐城一带最有可能找到具有制作立轴式风力龙骨水车经验的工匠，故随即开始“寻找工匠”阶段的田野调查。2004年4月5日，趁在北京召开技术史会议的空档，张柏春、林聪益、张治中三人聚会讨论，商议启动与组织立帆式大风车的田野调查小组，并决定由林聪益负责整个计划经费的筹措，张柏春和张治中负责田野调查的规划与执行。因张治中除了是一位机械史学者外，还在北京经营一家名为天佑的公司，对于人力调遣与接洽细节拥有实务经验与资源，故项目组委托张治中担任计划经理，以负责田野调查的组织、行政与派遣人力的工作。

2. 寻找工匠

张治中公司有员工是盐城地区的人，通过其人脉有利于开展田野调查工作，因此实际的田野调查是从苏北盐城开始展开的。2004年9月至2006年4月，张柏春、张治中、孙烈等人一共访谈了3位70岁以上的老工匠，最后因经费与双方意愿关系，由72岁的陈亚老木工师傅承接立轴式风力龙骨水车的复原制作。以下将分别记述我们探访三位老木工师傅的调查过程。

（1）第一次：杨洪标的探访过程（盐城市射阳县四明镇，2004-09-12—2005-09-12）

2004年9月12日，计划经理张治中派遣调查人员前往盐城射阳县，利用当地的人脉与资源，探访到射阳县四明镇的杨洪标（74岁）师傅，他年轻时曾制作过立轴式风力龙骨水车，与其子杨胜利（49岁）均为经验丰富的木匠。杨洪标师傅对年轻时制作大风车的细节与大风车结构都记忆犹新。经过多次访谈、协商，杨洪标师傅表示有意愿依古法按照原尺寸制作一台风力龙骨水车。这台水车采用一台大风车带动两台龙骨水车的设计，并在四明镇当地环境进行组装与测试。实际的木工由杨胜利执行，杨洪标师傅提供设计图与协助大风车的制作与组装。后因风力龙骨水车制作报价过高，项目组不得不放弃，并另外寻找工匠。这段协商期刚好是一年。

（2）第二次：高玉中的探访过程（盐城市射阳县海河镇，2005-10-01—2006-04-10）

2005年10月，张治中找其妹夫李建华（2001年7月，江苏大学机械工程专业毕业获学士学位），请他帮助在江苏省盐城市找一位能制作传统风车的木匠师傅。李建华找到大学同学蒯伟，蒯伟的老家是盐城市，蒯伟的舅舅陈巨师傅是射阳县海河镇人。蒯伟委托陈巨师傅帮助找制作风车的木匠师傅。此后，陈巨师傅找到海河镇有能制作风车的木匠师傅。

2005年11月13日，李建华和蒯伟一起去江苏省盐城市射阳县海河镇陈巨师傅家，向陈巨师傅详细说明，帮助南台科技大学和中国科学院制作一架传统且实用的提水大风车。然后，李建华和蒯伟按照陈巨师傅提供的信息到达射阳县海河镇彭庄村，并找到高玉中师傅（82岁）。经李建华与蒯伟探查，高玉中师傅的确具有制造立轴式风力龙骨水车的能力。高师傅年轻时曾经做过大风车，并能说明出大风车各部分的构造和尺寸。通过高师傅讲解的许多有关大风车的详细尺寸及材料要求，项目组判断高师傅是做过大风车而且还具备制造大风车能力的。

高师傅父子建议在射阳购买材料进行加工，完工后运到北京组装。其目的是方便购买材料以及节省工时、成本。高师傅表示如果大风车要做到和旧时的大小相同，而且还能使用的话，最为困难的是材料。以往制作大风车的主要木材是耐水的桑木，但是桑木在射阳县当地已经很少见。李建华与陈巨师傅前往木材市场了解桑木的情况，但是并无收获，因此项目组了解了桑木材料的获取会是大风车复原制作的难点。

2006年1月1日，计划经理张治中与李建华前往盐城射阳县海河镇彭庄村，与高玉中师傅商谈制作大风车事宜。双方商谈大风车的规格尺寸、材料及制作细节、费用与工时，其中大风车规格尺寸的简表如表2-2。双方谈定由高玉中师傅负责找材料，找铁匠，组织木工制作大风车，指导大风车组装整个过程一共需要70 ~ 80个工作日。陈巨师傅兼任当地工头，负责双方的联络沟通与组织当地人力。

2006年4月10日，计划经理张治中派贾永强到射阳县海河镇彭庄村，至高玉中师傅家拜访，讨论制作大风车的基本情况及要求，但最终还是因为高师傅健康问题（年事已高，患有高血压等）而不能参加制作大风车的工作。

表2-2 高玉中师傅规划大风车尺寸简表

零　件	尺　寸
风车上圆	11 m
风车下圆	10 m
圆周材料桑木	170 mm（5寸）
风车中心高	8.9 m
帆高	6.3 m（1.9丈）
桅杆	8个
帆	8面
制作：木匠、铁匠	

（3）第三次：陈亚的探访过程（盐城市射阳县海河镇，2006-04-11—2006-04-18）

2006年4月11日，陈巨通过高玉中师傅、朋友、邻居等多方面关系继续寻找能够制作大风车的木匠。在海河镇陈巨店面隔壁的韩师傅听说后，到店里谈论有关大风车事情。韩师傅说他祖父、父亲在的时候，家里曾用过立帆式大风车来灌溉稻田，后来由机械取代。韩师傅是阜宁县人，以前在阜宁使用大风车的地方有很多，韩师傅表示可以帮忙联系相关人员。4月12日，韩师傅找到阜宁县沟墩镇中林村太平浦的丁其根师傅。丁师傅具有制作立帆式大风车的能力。4月13日，丁师傅来到海河镇，陈巨、黄炬生等人在场听丁师傅说明大风车的大致形状、结构并绘出图，借此确定了丁师傅有制作大风车的能力。但因为项目还未购买材料，丁师傅说先回阜宁县准备。丁师傅需要用150个工作日制作大风车，较高师傅工时更长，所以项目组决定继续寻找工匠。

2006年4月18日，陈巨继续寻找有能力制作大风车的工匠。后来，陈巨询问陈大权（49岁），其父亲陈亚是否能做，陈大权表示可以。陈亚父子二人来到陈巨店里说明大风车的情况及用工费用等问题。贾永强与张治中经理联系讨论确定工匠人选。经由贾永强、陈巨与陈亚父子商议之后，双方起草合同协议书，至此终于确定了大风车复原制作的地点和木匠。此次立轴式风力龙骨水车的复原制作分为两部分，一部分是驱动龙骨水车的立帆式大风车，另一部分则为龙骨水车。

三、制作与测试

选定工匠后，复原制造的工作旋即于2006年4月中旬展开，以传统的工法和尺寸大小重新打造一台立轴式风力龙骨水车，并在原本使用地区的气候与地理环境下测试运转情形。此阶段细分为4个步骤，分别为组织人力、备料、加工、组装与测试。

1. 组织人力

以往制作大风车一般由1名工匠师傅领头作总负责，3～5名工匠师傅或学徒配合。此次复原制作的任务由陈亚老师傅领衔，陈大权等师傅做帮手。然而为让整个复原制造的工作顺利进行，并且能在有限的时间、成本、人力下获得较佳的结果，必须要建置一个好的组织架构。陈巨在寻找工匠阶段投入积极且具有人脉基础，故由计划经理张治中聘任陈巨为当地的工头，直接对计划经理负责。陈巨主要协助陈亚老师傅开展复原工作，亦即负责整个制作过程中所需材料的采购、组织与调度人力，以协助制作过程的顺利进行及其他种种问题的处理。研究团队则由张柏春、孙烈在制作现场进行调查和人物访查，孙烈全程跟随陈亚和他的助手，记录和拍摄制作技术；林聪益、张治中在制作的后期到现场（图2–2），主要在安装与测试阶段参与调查、记录、拍摄，并负责大风车的拆解记录和拍摄，以及运送大风车至南台科技大学的工作。

2. 备料

备料包括选购材料和下料。自4月中旬开始，陈巨根据陈亚老师傅开出的立轴式风力龙骨水车所需的传统材料清单，开展市场搜寻、选材、采购、运输及存放。重要的材料的选购，陈亚老师傅都会亲自参与。下料是对立帆式大风车与龙骨水车所需杉木和桑木等木材进行初加工、通风和晾晒等时效处理。这些工作都在陈亚老师傅的木工厂及其周围场地进行。同时，项目组探访铁匠与铸造厂，了解他们承制铁件锻造和铸造的能力与意愿。

3. 加工

5月中旬，制作团队开始进行零组件的加工。加工是整个复原制作中最关键的步骤，包括大风车和龙骨水车两部分零组件的设计与加工。因整个技术细节都来自于陈亚老师傅的记忆和经验，所有木作的规划、设计、计算、画线、调校以及榫卯结构的加工等工艺过程全由陈亚老师傅一人承担，仅在锯木、凿孔等重体力工作或重复性工作时，由中青年木工师傅协助制作。另外，铁件铸造和锻造也都是根据陈亚老师傅提供的设计和尺寸进行加工与制作的。传统的风帆是以蒲草制成的风篷，因蒲草要到深秋才能采收，故此次制作风帆先用布料做了一套8张布帆及2张备用布帆。风篷则于2006年10月初，由陈巨组织人力在彭庄村进行蒲草和糯稻草的备料与前处理，并委请彭学兆老师傅来指导风篷的制作，到12月初完成10张风篷的制作。随后，这些风篷被运送至南台科技大学，并由林聪益挂到本次复原的大风车上进行测试。

4.组装与测试

此次复原最后步骤是组装与测试。为了利用原本使用立轴式风力龙骨水车的气候与地理环境进行测试工作，组装地点就选在距木工厂约300 m的灌溉渠道旁的农田空地，

图2-2　张柏春、张治中、林聪益等在大风车加工车间

并以传统工法来组装大风车。整个组装过程从7月13日至17日约5天的时间，7月18日主要进行大风车的风帆调校及运转的测试。其间，项目团队进行了以水牛牵动大风车提水的测试，以及自然风力运转大风车（包括全帆和半帆两种状态）实验测试。整个组装与测试证实了大风车在当地的环境中可以正常运转。项目组也实际体会了立轴式风力龙骨水车运转情况及其特性，中央电视台编导闫珊、刘学智也到现场拍摄风车组装场景并做采访。同时，项目组对整个过程进行了拍摄与记录，其间也对许多制造过和使用过大风车的耆老进行了访谈。7月19日项目团队对大风车进行拆解并运往南台科技大学。

图2-3　张治中（右）与林聪益（左）在大风车加工车间

图2-2、图2-3是项目组的张柏春、张治中、林聪益等在大风车加工期间在海河镇的

图2-4　项目组部分人员

情形，其中图2-2由左到右分别是张治中、张柏春、林聪益。

图2-4a、4b分别是蒯伟、李建华的特写，图2-4c是陈巨与高玉中在大风车制作时的互动情形。

图2-5是陈亚师傅在制作场上的特写，图2-6a、6b是陈亚的大儿子陈大权和二儿子陈昌元的工作镜头，图2-6c、6d、6e是陈亚父子三人在大风车制作期间的互动情形。

图2-7是项目组成员孙烈在大风车组装场上的特写。

图2-5 陈亚师傅

图2-6　陈亚师傅父子三人制作大风车

图2-7　项目组成员孙烈在大风车组装现场

图2-8a是计划经理张治中与工头陈巨的合照，图2-8b、8c是林聪益、张柏春在大风车组装场上的特写。

图2-8　张治中、陈巨、林聪益及张柏春

图2-9a是铸造厂的韩师傅的特写，图2-9b铁工厂杨日勇师傅与林聪益的合照，图2-9c、9d、9e、9f分别是唐士群、于正荣、项艾、黄炬生师傅的特写。

图2-9　其他师傅

图2-10是贾永强和林聪益在负责将大风车拆解与运送时的合照。图2-11是大风车拆解时情形的特写。

图2-10　贾永强（左）与林聪益（右）

图2-11　大风车拆解现场

第三部分　备料与加工

复原制造是古机械研究的一个重要方法。大风车复原制造的重点是根据史料研究与田野调查的结果，寻找曾制造过且有能力制造风力龙骨水车的工匠，以传统之材料和工艺方法进行其零组件的加工与组装，并利用当地气候与环境进行测试。

此次复原制作是委任陈亚老师傅领衔，陈大权等师傅做帮手，陈巨为当地工头。此复原工作从2006年4月中旬开始进行备料与加工，至2006年7月中旬完成大风车的组装与测试，另在2006年底完成风篷的制作。此次复原制作时间跨度长达8个月，实际工期总共约70天时间。

大风车复原制造的工作包括备料、加工、组装及测试等四个主要的环节。这些环节在时间安排上略有交错，如表3-1所示。

表3-1　立帆式大风车复原制作的主要进程表

起止日期（2006年）	工序名称	主要内容	主要参与者	备　注
4-11—5-10	备料（木材）	采购木料；准备场地（存放、备料与初加工等）	陈亚、陈巨	调查人员贾永强跟随购买
5-15—7-16	加工；备料（辅料）	加工大风车与水车各部件；加工铁件、布帆、车心石等；采购辅料	陈亚、陈巨、陈大权、陈昌元、唐士群等	6-6—7-3，因农忙停工
7-13—7-18	安装试车；备料（辅料）	安装与调试；加工铁件；采购辅料	陈亚、陈大权、陈巨、于正荣、项艾、束如香、黄炬生、刘于柱等	在当地农田实地完成；试车成功后拆装运至南台科技大学
10-5—11-30 12-7—12-12	备料；加工帆篷	采购蒲草、糯稻草，挑选、晾晒，加工蒲帆	彭学兆、陈巨、高玉芬、项艾、韩凤仙、赵婷婷、陈如林等	在蒲草成熟后进行

一、备料

备料的工作包含原材料的选购与前处理。前处理包含木材初期加工、干燥、时效处理，并判断原料是否充足且可以使用。其中，木材自然时效处理，采用自然风干、晾晒（避免曝晒）方式。在过去，农家若想请师傅作大风车，选材、干燥等备料工作通常提前几年前就要开始着手。

此次备料简况见表3-2所述。在实际操作中备料涉及收集市场信息、选材、运输、存放、下料、时效处理等环节。对于木料，存放时需考虑晾晒、除湿、防霉等处理，而对于所需铁件则主要是联系铁匠师傅，确定材料和工艺要求（表3-3）。

表3-2　复原制作备料简况

工序名称	内　容	要　求	主要参与者
收集信息	了解原材料购买地点、品种、尺寸、价格等	信息可靠、及时	陈巨、张治中、贾永强
选材	选购木材、帆布、竹竿、麻绳、铁丝等	品种、尺寸、品质须完全符合传统工艺的要求	陈亚、高玉中、贾永强、孙烈
运输	运送原料到存放地	安全、防雨、运费合理	陈亚、贾永强、孙烈
存放	存放原料及初加工材料	通风、安全、取用方便、场地租用费合理	陈巨、陈大权
下料	原料的初加工	合理用料	陈亚
时效处理	防潮、晾晒	木料尽量干透，避免曝晒	陈亚、陈巨
准备工具	木工工具、量具，其他特殊工具	须用部分专用工具	陈亚、束如香、陈巨
联系铁件加工	铸造和锻造	尽量按照传统工艺	陈巨、陈亚

1.原材料的选购

选材得当与否不仅直接影响加工质量高低，而且也是复原是否“原汁原味”的重要判据。高玉中和陈亚两位老师傅都曾说，能否用老法子做出大风车，关键是材料。其实，在与高玉中老师傅接洽的过程中，项目组已经开始采买木材。复原工作正式启动后，陈亚老师傅进一步提供了立帆式大风车主要部件的尺寸与材质要求，并建议以此作为采买原料的依据。制作大风车所需原料及主要的技术要求如表3-3所示。图3-1所示的是部分采购的记录。

表3-3　大风车所需之原料及技术要求表

材料名称	主要用途	需　求	规格/数量
杉木	车心、跨轴、挂、桅、撑心、幢、梳担等	车心、跨轴要求原木长度6～8 m；其余杆材的长度要求5～6 m为佳	大端Φ20～40 cm，L=6～8 m，40根
桑木	大辋、小辋、旱拨、水拨、槽筒、鹤子、将军帽、提头、铃铛、游子等	原木直径大于旱拨、水拨的直径的要求；长度大于一段大辋；最好略弯，曲率与大辋近似	拨：Φ70～110 cm，其他：L=180～220 cm
柳木	拂板	原木直径大于槽筒宽度	Φ40 cm，L=2.5 m
竹竿	帆篷、逼拂	青竹，直径约10 mm[①]	Φ10 mm，L>2～3 m，约90根
榆木	提头	直径30～50 mm	M=1.5 m，L=72 m
蒲草	帆篷	成熟的蒲草	—
帆布	风帆	在蒲草成熟前作帆的替代材料	M=1.5 m，L=72 m
稻草	帆篷	成熟的糯稻草	—
铁丝	软吊、帆篷、天轴缆	粗细适中	Φ=5 mm
洋圆[②]	大缆	不能太细	Φ=10 mm，L=30 m
钢丝绳、卡头	大缆	足够的强度	Φ=8 mm
麻绳	帆布	2～3股的细麻绳	Φ=3 mm，L=15 m
桐油	水车、风车	—	约20 kg
铸铁	钏	保证曲面弧度和适当的光洁度	约8 kg
锻铁	天拢箍、地拢箍、铁钩、金刚镯、花盘、长钉、大缆圆环等	尺寸准确，接缝牢靠	约15 kg
石材	石桩、车心石	重量不能太轻，车心石端面平整	石桩4根，车心石1个

① 陈巨师傅说粗细要有“小拇指粗细”，过粗或过细都不合适。
② 当地人对钢筋或粗铁线的称谓。复原时采买的是普通光圆直条钢筋（一级钢筋HPB235）。

a

b

c

d

e

f

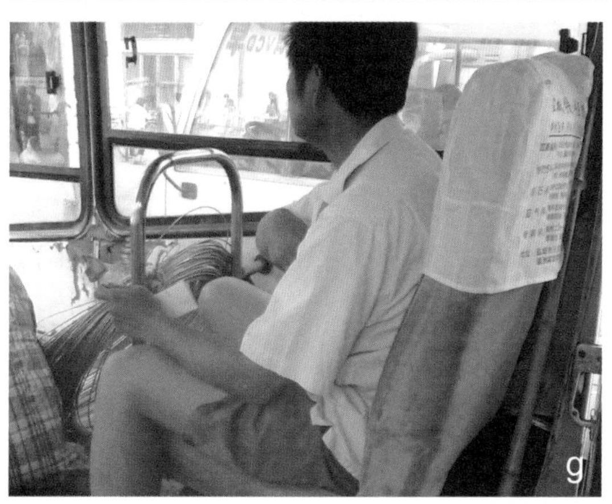
g

螺丝
五金
电器
钢丝绳
厂价批发
电话:8505690
h

图3-1　立帆式大风车原料采购记录

制作大风车与水车的主料是杉木与桑木，但在过去，若条件允许，桑木与杉木可分别用材质更好的樟木与柏木替代。市场调查反馈的信息显示，杉木比较容易买到，尺寸较大的桑木原材却难以寻觅，而树径大于70 cm的桑树（树龄一般在30年以上）在市场上更是稀少（图3-2）。不仅是木料，有些原先看似不起眼的辅料在时隔多年后也会成为稀罕物。例如，购买制作帆篷所需的细麻绳就颇费周折，因为在当地的市场上，细麻绳几乎已被尼龙绳取代了。后者的性能虽有诸多优点，但与我们坚持用传统材料的旨趣相去甚远。此外，备料还需考虑季节等因素的影响。尤其对于大风车的帆篷，传统做法须用到蒲草和糯稻草，而这两种原料待秋后成熟才可用，故帆篷的备料与编制请参阅关于“风篷的加工”的内容。

图3-2　市场上的几种木材

2.下料（初加工）

采买到的原料一般需要经过初加工后方可再使用，木料尤其如此。其原因主要有三：下料的需要；利于木材的去潮和时效处理；判断原材料充足与否。

下料的主要工序是去皮、画线和切割。下料方案的优劣直接影响原材料利用率的高低和后期加工效率的高低，进而影响原材料成本高低和成品品质的优劣。陈亚老师傅的下料原则大体按“先大后小”（先考虑大件，再考虑小件）的原则进行。此外，他还依据经验综合考虑了材质、形状、尺寸、加工余量、弯曲程度、纤维方向与结疤位置，以及木材所含水分等。其中，用于拼接大风车车辋的12段大辋与小辋的下料难度最大。这几段近似圆弧形，后期加工的精度要求高，而且还要预留出在时效处理的变形量。陈亚老师傅下料的大致顺序见表3-4所示。

几乎所有的木件加工都需要选用充分干燥后的木料，制作大风车亦然。此次选购的桑木湿度较大，木匠师傅通过断面切割与钻眼取样发现，多数桑木的湿度在50%左右，必须要做除湿处理，否则在成品阶段木料有发生翘曲变形、开裂或霉烂的可能。受自然条件和时间的限制，陈亚老师傅采取的方法主要是对初加工品采用通风、晾晒（但避免曝晒）等自然时效的手段（图3-3），处理的时间大约有一个半月的时间（5月至7月）。

表3-4 大风车木材的下料流程

桑木（长材）→ 大辋 → 小辋 → 将军帽 → 游子 → 棰 → 鹤子 → 铃铛

桑木（短材）→ 旱拨 → 水拨 → 棰 → 机掇子 → 鹤子 → 铃铛 → 枧子

杉木 → 车心 → 跨轴 → 幢 → 桅 → 槽筒 → 支穿 → 羊角 → 撑心 → 剪 → 挂

柳木 → 梻板

榆木 → 铃铛提头

竹竿 → 帆骨架 → 逼梻

图3-3　大风车所需木材时效处理

二、加工

加工是整个复原制作过程中最关键的步骤，而传统木作技艺则是制作大风车最主要的加工工艺。在加工前，陈亚老师傅并没有现成的图纸，他对技术细节的把握来自于他的记忆、经验及专用量具。除木工之外，整个复原制作过程还有铁件铸造、铁件锻造、线缆绞线、蒲篷草编等辅助工艺。故本部分以木作加工、铁件加工、风篷加工三部分来说明。

（一）木作加工

立轴式风力龙骨水车的木作加工主要由陈亚老师傅一人完成。在加工中，除了直尺、角尺、墨斗、画笔之外，所用的木工工具即所谓的“木工四大样”——刨、凿、斧、锯，故大、小不同型号的刨子、凿子、斧子、木工锯是主要的加工工具（图3-4）。

图3-4　木作加工所需各类工具

若以制造立轴式风力龙骨水车各部件的工作量来粗分，车辋加工的工作量约占全部木作部分工作量的60%以上，杆件部分约占30%，用于制作将军帽、定科（木把子）、铃铛（8个升降风帆的定滑轮）、槽筒等部分约占10%。总体来看，除车心、车辋及龙骨水车之外，多数部件的制作工艺相对简单，所用的工具也多是普通木工常用的。故本节是以杆件（车心）、车辋、龙骨水车三部分来说明木作加工的过程。

1. 木作之一：杆件的加工

大风车的骨架由一系列的杆件连接构成：1根车心（风车的旋转中轴，即立轴），2根通穿与4根支穿（车辋的辐条），8根挂（斜向连接车心与车辋），8根桅子（张挂风篷的桅杆），8根撑心（连接车心与8根桅子的顶端），8根栊担（连接车心与8根桅子的底端），8根箍头（连接8根桅子的顶端），16根剪（2根为1对，连接8根桅子的底端），以及4根羊角（连接车心与8根挂）。除大风车骨架外，立轴式风力龙骨水车还包括其他一些杆件。例如，1根跨轴（风车与水车之间的传动轴），4根幢子木（即大柱，立于地面，通过大缆在竖直方向平衡车心），几十根篷竹子（制作风篷所需的细竹竿）等。

几乎所有木质杆件选外形通直、材质轻软、易于加工的杉木为材。因各部件外形长短、功能不同，木作的技术要求也不尽相同。其中，车心是整部大风车骨架的枢纽和中心转轴，不但是外形尺寸最大的杆件，而且是加工面最多的部件。故本节是以车心为例来说明大风车杆件的加工制程。

车心须加工出多个用于连接其他杆件的卯孔，这些孔的开凿并没有特别之处，而关键在于如何通过画线确定出这些加工部位的位置。其中，通支穿孔和羊角孔的画线过程比较复杂，既要确定孔在车心上的高度，也要确定各关联孔的相互相位角度。其画线工序大致可分为3个步骤：①确定车心的外周柱面与中心轴；②确定各孔的高度；③确定各孔的环周相位位置。待车心各卯孔定位画线之后，便开始进行加工。

步骤①：确定车心的外周柱面与中心轴。

车心的加工重点是地扁担（即母转）的中心点与轴套位置的中心点（轴套即车心与将军帽间的滑动轴承）形成的旋转轴，必须要与整根车心的几何中心轴共线，方能使车心能够稳固地垂直于地面旋转。因此，粗加工时须先加工出车心的几何中心轴，亦即先找并画出其头尾端面的几何中心轴点，然后利用刨刀刨出通直均匀的车心。因此，车心在选材时要特别注意其外形的通直，以便减少加工时间、增加加工精度。本次车心选材要长于8 m且头尾端干径差距不宜太大，其加工后尺寸长度为7975 mm，头端直径为205 mm，尾端直径为135 mm。

步骤②和③：确定各孔的高度和环周相位角度，并进行加工。

本次车心加工因铁件的制作较慢，有部分是待铁件的加工完成之后再安装上去，本文就不以加工完成时间顺序说明，而以车心由下而上的6个加工部位为序说明。这6个加工部位包括：①母转位置；②通支穿位置；③羊角位置；④定科位置；⑤轴套位置；⑥天轴位置。

母转位置

母转位于车心底端，其加工的目的是便于安装地拢箍和母转（即地扁担）。组装时，须用公转来擎顶母转，以支撑整个大风车的重量。地拢箍是一个外径200 mm的铁环，先在车心底端外侧凿出直径略小于200 mm的圆榫面，以紧套上地拢箍的铁环。然后在车心的底面凿出母转的外形，再将母转紧配嵌入。此加工过程都是以先前订出的底面的几何中心轴点为基准（图3-5）。

a

b

c

d

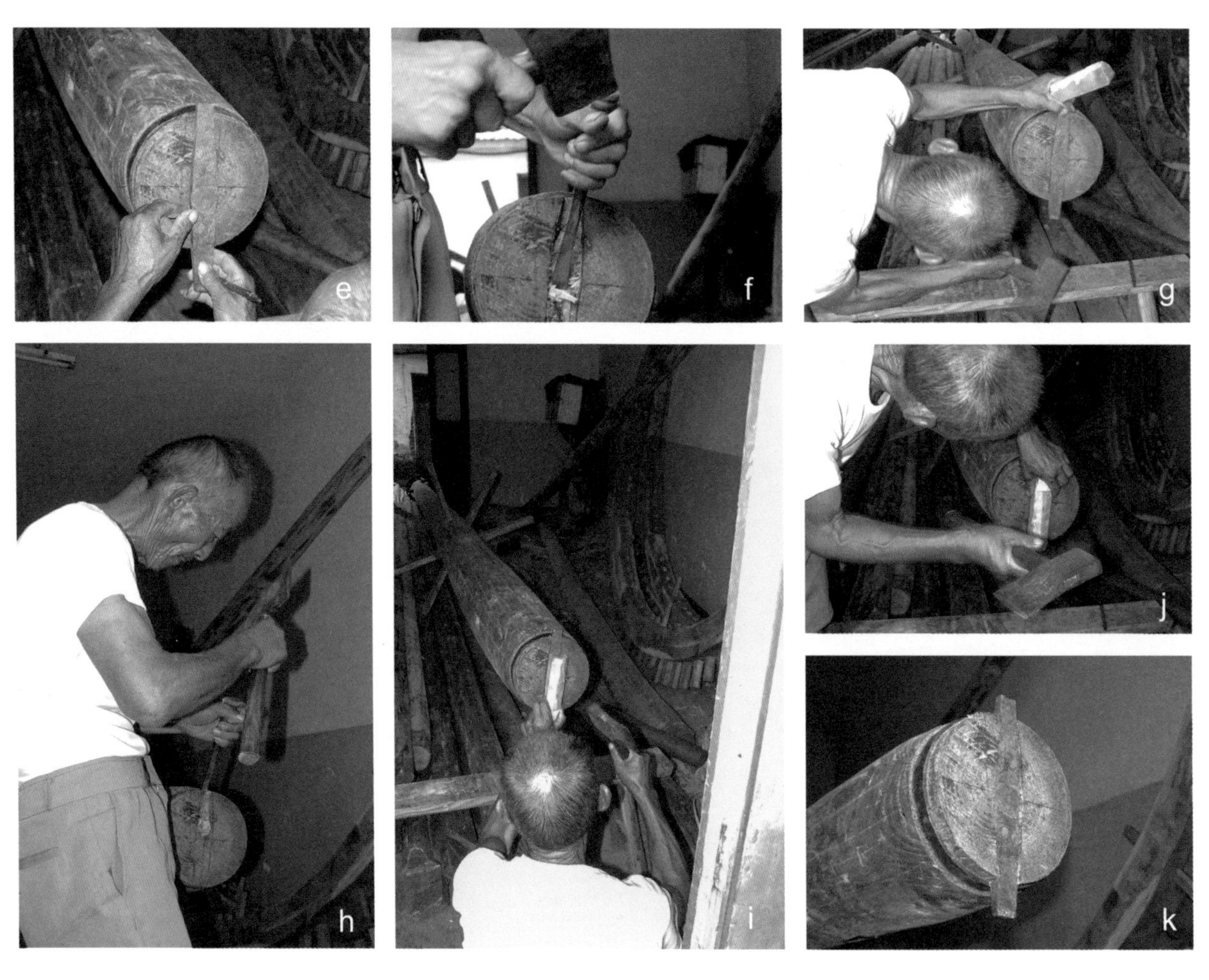

图3-5　母转加工

公转则是用来顶住母转的旋转点，形成一针状轴承。公转是锻造成型的，安装于基座之上。本次所用基座取石磨下磨盘而用，其圆径为500 mm、高130 mm。基座在磨盘的中心凿出一个长宽皆为100 mm、深20 mm的方槽孔，以安装公转（图3-6）。

图3-6　公转加工及母转底部细节

通支穿孔位置

通支穿孔位置决定了大齿轮的高度，其加工在于安装2根通穿和4根支穿。

在测绘出通支穿的高度与方位后，木工师傅加工时先加工2个互为垂直但不干涉的通孔，用以安装2根通穿。再加工4个盲孔，分布在通孔间且同一平面高度位置，用来安装4根支穿。其各相邻孔间互成45度（图3-7）。

通支穿是大齿轮的轮辐，共8根（长度约1440 mm），是由2根通穿和4根支穿组装而成的。两个通穿是上下垂直地交错，上通穿的长方通孔（长90 mm、宽35 mm）下边缘距底面445 mm，下通穿的通孔的上边缘距底面425 mm。4个盲孔（长60 mm、宽25 mm、深50 mm）的上边缘与下通穿通孔的上边缘同高（图3-8）。安装时，上下通穿间夹着撬盘（外径400 mm、内径350 mm、厚10 mm）。

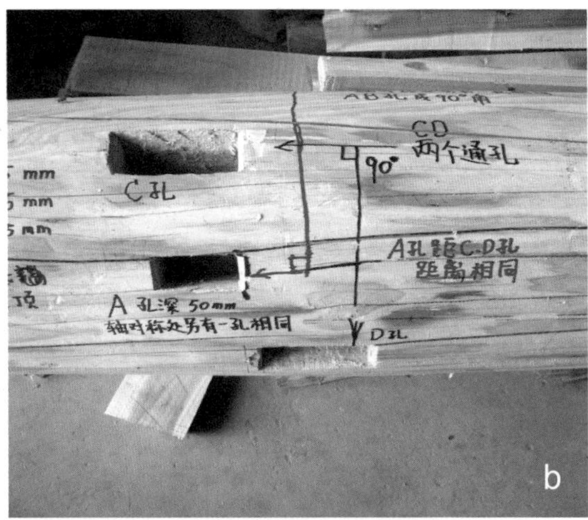

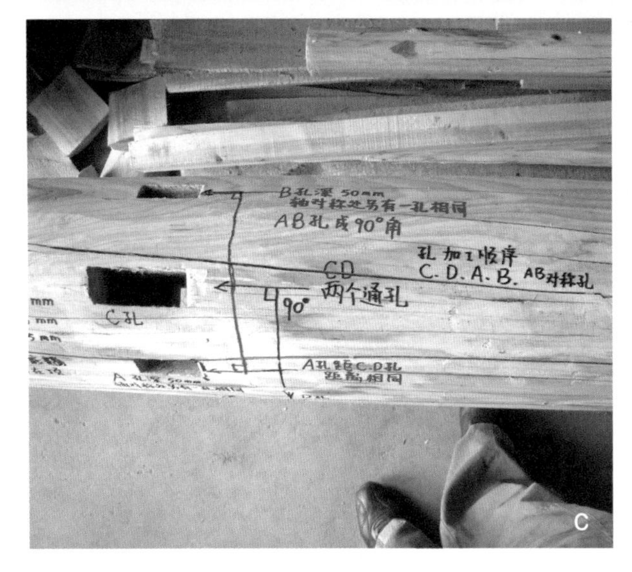

图3-7　通支穿加工

图3-8 已开通支穿孔的车心

羊角位置

羊角孔加工在于安装4根羊角（约长910 mm、宽95 mm、厚35 mm），是用来挂吊8根挂的，以支撑大齿轮的重量与水平度。

因大齿轮吊挂的位置应在轮辐之间，羊角通孔与通支穿孔要有相位差，故羊角的相位取决于通支穿的相位。因此，通支穿孔定位画线完成后，才能决定羊角通孔位置并加工。亦就是先测绘出4根羊角通孔的高度和相位角度后，再使用凿子逐一凿出4个通孔（约长95 mm、宽35 mm）。这4个通孔位置由下逐阶提升，每阶转45度，加工时要注意每一通孔的真直度并垂直于车心轴，且各通孔间不能干涉。

本次制作取羊角通孔与通支穿孔的相位差为22.5度。其中，上通穿通孔位的相位是于最下和最上羊角通孔之间，4个通孔下边缘到底端面的距离由下而上分别是2050 mm、2160 mm、2267 mm及2358 mm（图3-9）。

图3-9　羊角加工

定科位置

定科加工在于安装4根木质的定科、铁制的花盘和金刚镯，用以连接撑心与软吊（桄担缆），故定科的位置决定了风轮的高度（图3-10）。

定科位置必须用刨刀加工车心以便使4根木质定料可以固定在预定的高度位置。定科是一块长570 mm、宽30 mm，上端大头高54 mm、下端小头高42 mm的木块。它的上下各有一个凹槽，相距230 mm。

花盘是一个外径360 mm、内径260 mm、厚10 mm的环板，套在定科大头端的凹槽处（槽深24 mm）。环板上均匀分布8个圆孔，孔径为18 mm，每圆孔用来挂钩撑心，故孔位要与桄担相同相位，安装时约稍与羊角通孔相位相同即可。

金刚镯是一个外径300 mm、内径260 mm、棒径20 mm的铁环，套在定科之小头端的凹槽处（槽深20 mm），距花盘下端面230 mm。金刚镯是用来系挂软吊的。金刚镯位置决定软吊高度与长度，用以支撑桄担的负重。

安装时，先将4根定科安置于车心轴套位置的下方，并套上花盘与金刚镯，再向车心底端方向移动逼紧，直至紧紧地固定在预计的位置。此次安装花盘距车心上顶端面为1270 mm。

图3-10　定科组装

轴套位置

轴套加工在于安装4个铁角（图3-11）。

确定轴套的位置是车心组装的一个重点，因其位置决定了将军帽的高度位置，同时也将决定大柱的高度及大缆的长度。加工时，需使轴套位置之轴颈部位的外径稍小于将军帽的内径（185 mm），并使轴颈尽量为规则的圆柱面。加工后，在轴颈部位环周均布地装钉4个铁角。这样，车心真正与将军帽内表面形成滑动摩擦的是铁角的表面，从而避免了车心在长期使用中轴颈部位受到的磨损。轴套加工时须均布8孔，孔径为16 mm，铁角中心位置距车心上顶端面670 mm。

将军帽（长715 mm、宽300 mm、高140 mm）由2个长方体桑木块用两根闩子的铁件榫接而成，并用4根爬头钉（大头端面7 mm × 7 mm、小头端面2 mm × 1 mm）分别穿钉于闩子的内钉孔，以逼紧2个长方体桑木块，如图3-12所示。

本次所用的桑木块大小不同，尺寸分别是长715 mm、宽160 mm、厚140 mm和长715 mm、宽140 mm、厚140 mm，在长侧面对称地凿出前后2个长方通孔（长50 mm、宽14 mm），用来与铁闩子榫接，两长方通孔中心距约347 mm。闩子是一根（长570 mm、宽50 mm、厚12 mm）的铁件，上有开2个大缆通孔，及钻有4个钉孔，皆对称分布。2个大缆通孔孔径30 mm，中心距是500 mm；4个钉孔孔径约6 mm，内两钉孔中心距是305 mm。

加工时是先将将军帽的几何中心定位画线后，利用锯子和凿子加工出直径185 mm的通孔。组装时是套在车心的轴套上，并以铁丝系在天扁担上，以使其高度保持在轴套位置，形成一滑动轴承。此次制作将军帽中心位置距离天扁担670 mm。

图3-11　已安装轴套、铁角及将军帽的车心

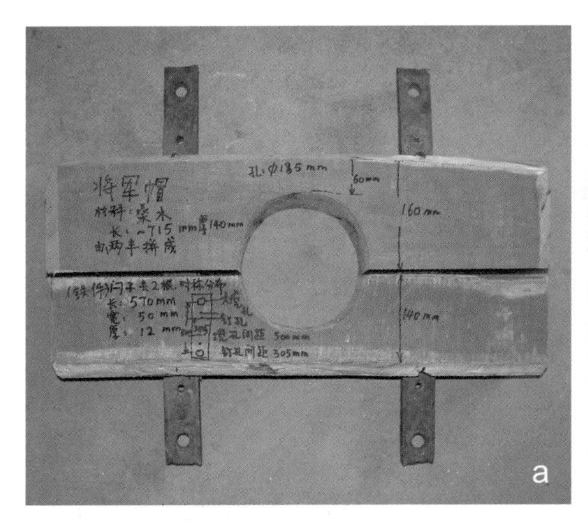

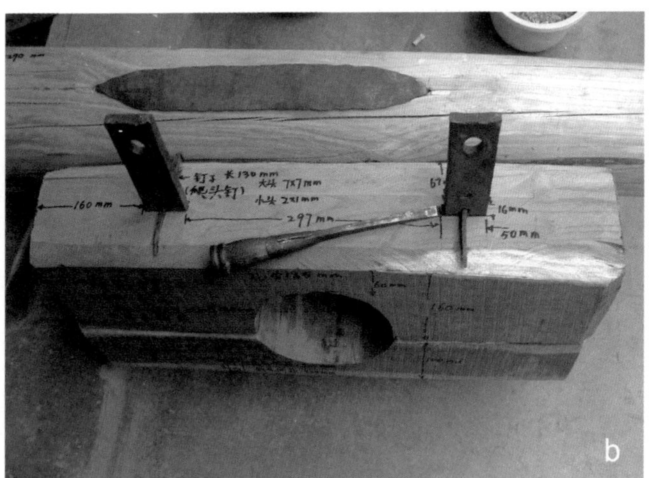

图3-12　将军帽安装

天轴位置

天轴位于车心顶端，其加工在于安装天拢箍和天轴。天轴用来穿套天扁担以承担将军帽的重量。故加工时，天轴的轴心也要和车心的旋转轴共线。

本次复原的车心顶端直径约为135 mm，故在其顶端缘凿出圆榫面，以外径略小于135 mm的天拢箍紧套于其圆榫面上，并在车心顶端面中心凿出方槽孔以安装天轴（图3-13）。

图3-13　天轴组装

车心的加工完成后，陈亚老师傅就直接把天轴、天扁担、天拢箍、将军帽、定科、花盘、金刚镯、软吊、羊角、母转、地拢箍等零件在车心上安装就位（图3-14）。在正式安装大风车之前进行这些装配操作，主要是因为当车心竖立起后，再安装这些部件则反而不便操作。另外，也有些杆件的尺寸如通支穿需要在实际的安装过程中确定，因此这些杆件的最后加工须在大风车安装阶段完成。

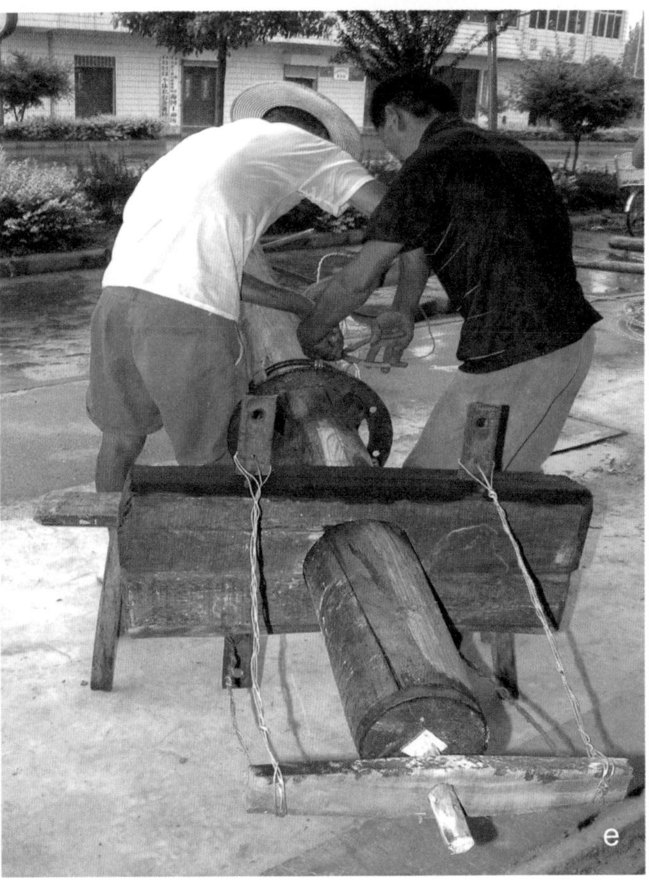

图3-14 天轴、天扁担等组装到车心

2. 木作之二：车辋的加工

在所有零部件的加工中，用工最多、难度最大，也最能反映大风车精细制作特点的是车辋的加工，包含大辋、小辋和棰。车辋是一个尺寸较大的轮辐式齿轮的外轮框部分，外周直径一般为3.2 ~ 3.5 m（此次复原制作外径是3.3 m）。木工称此齿轮的齿为“棰”。车辋全部用桑木制成，其加工特点是尺寸大、精度高、木材质地坚硬、加工面的种类与数量多。

由于车辋的尺寸大，为便于选材与加工，本次复原制作采用了分段多键连接的结构。车辋的辋身被分作6大段，即有6个大辋。每个大辋初成品的长度1.9 ~ 2.1 m，厚度180 ~ 190 mm，高度约135 mm。大辋间是以小辋连接，亦有6个小辋。其每个初成品的长度约为大辋的一半，厚度则与大辋相同。

在车辋的制作过程，除了一般木工加工具外，最重要也是最特别的是一套专用于车辋加工与装配的量具，包含车辋径向尺规和棰孔量尺（图3-15）。据陈亚老师傅介绍，这套专用量具的制作时间不会晚于20世纪50年代。其中，车辋径向尺规上有传统制式的车辋外圆半径、基圆半径、内圆半径等的尺度缺口，故该量具可以确定车辋的外径、内径及基圆半径，以及大辋径向厚度、小辋径向厚度、棰孔径向真直度。棰孔量尺则是以基圆圆弧为弧度的弧形尺，其上刻有七组棰孔宽度和棰孔间距相等的尺度缺口。它的

7组榁孔的弧长约与小辋的弧长相当（图3-16a）。故此量尺可以确定大辋和小辋的榁孔位置、榁孔宽度、大辋和大辋间端面的位置、大辋和小辋间端面的位置。经实际测量，此套量具的径向误差在1～2 mm之间，而周向误差约0.5 mm。

陈亚老师傅通过这套量具制作了小辋的制版，如图3-16b、16c所示。在加工中，陈亚老师傅使用量尺画线确定所有圆弧曲面后，均用钢丝手锯切割。在加工大、小辋的水准平面和凿孔时，由于加工量大，为减轻劳动强度，陈亚等师傅使用了电动木工机床与电动手钻辅助完成粗加工。加工车辋的用工量基本占全部风车和水车用工量的60%左右，其中，计算、画线、调校及榫卯结构的加工等工艺过程全由陈亚老师傅一人承担，仅在锯木、凿孔等重体力工作时，技术较好的中青年木工师傅才有可能助他一臂之力。

车辋的加工大致可分作六道工序：①大小辋的粗加工；②大小辋的精加工；③大辋与小辋之榫卯结构的加工；④开凿88个榁孔（通孔）与8个通支穿孔（盲孔）；⑤榁的加工与安装；⑥调校榁间距。

图3-15　陈亚老师傅正使用车辋制作的专用量具

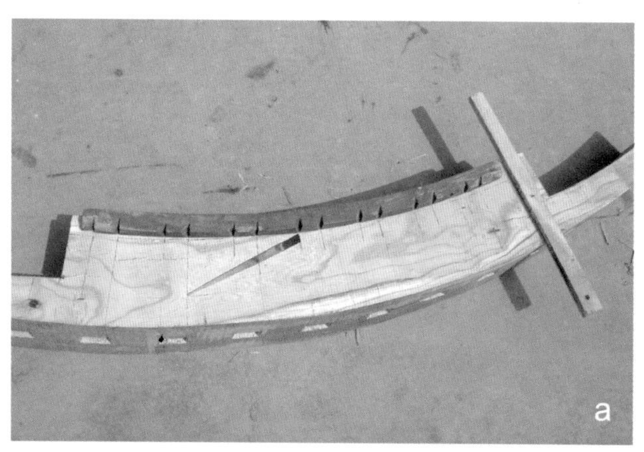
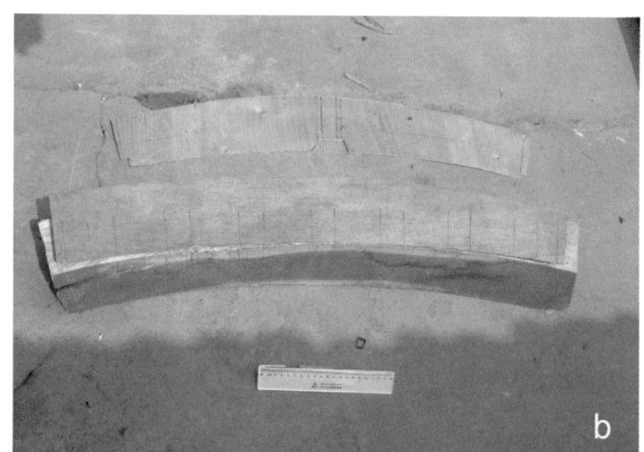
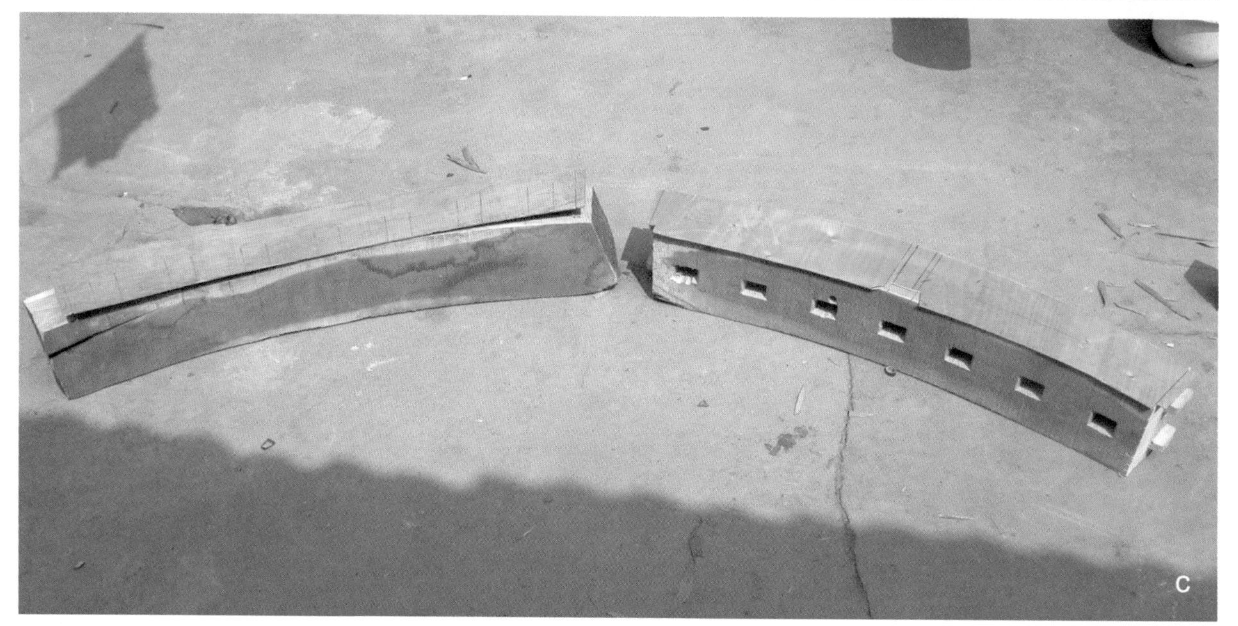

图3-16　椏孔量尺及小辋的制版

大小辋的粗加工

此工序主要是在加工出大辋和小辋的大圆弧曲面与平面，同时要为后续的加工与调校留有加工余量。车辋各部件下料时已大致加工并弯曲出各部件的形状和曲面，经过一段时间的干燥之时效处理，会发生变形。因此，此步骤的粗加工主要是针对大辋和小辋进行大圆弧曲面与平面的刨削与平整，以加工出大、小辋所需的外形和尺寸。其中，用机械刨床替代手工刨刀进行加工（图3-17）。之所以如此做，一是因桑木质地坚硬，手工刨刀费力费时；二是车辋的组装要求精准度较高，需要一个平整的基准面和相同的厚度，以进行后续加工工序。

图3-17 大小辋粗加工

大小辋的精加工

工序二是要完成整个车辋的并接，进行大小辋的精加工，并完成后续榫孔加工的定位与画线。

各大辋上榫孔的定位与画线

首先利用车辋径向尺规进行大辋摆置的定位，并画出基圆（直径3030 mm）。然后，在此基圆上以榫孔量尺画线订出各榫孔的位置，并辅以车辋径向尺规画出各榫孔径向直线，再以三角板尺在大辋垂直面画出各榫孔加工所需要的辅助线。最后，再画出大辋前后段裁切位置的裁切线（图3-18）。

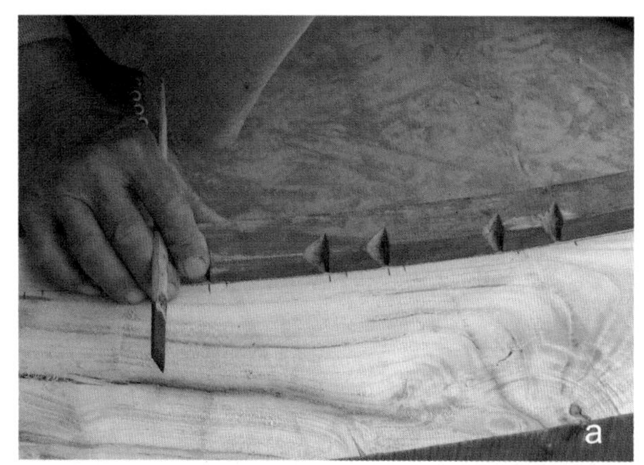

图3-18　大辋榫孔的定位画线

各大辋的精加工

根据上步骤所画大辋前后段位置的裁切线，工匠师傅进行裁切并修整出大辋的形状与尺寸（外半径1650 mm、内半径1480 mm、厚度170 mm、高度120 mm），再以三角板尺在大辋前后段加工出的垂直面画出各棰孔加工所需要的辅助线。待6段大辋都完成精加工程序后，便拼接成为一个圆环形的辋身（图3-19）。因为这6个大辋的长度是不一样，以大辋中段的棰孔数区分有9孔、8孔、6孔者各有2个，此次大辋排列为6-8-6-8-9-9孔者。

图3-19 辋身拼接

各小辋加工辅助线的测绘

工匠师傅根据圆形辋身的各大辋拼接情况，利用小辋模板辅助制具，把它与对应小辋组配，并画出裁切线。同时，也要找出小辋上各棰孔的位置，并画出其加工所需要的辅助线。工法与大辋者同（图3-20）。其中，各小辋的长度差距较小，其上都有7个棰孔。

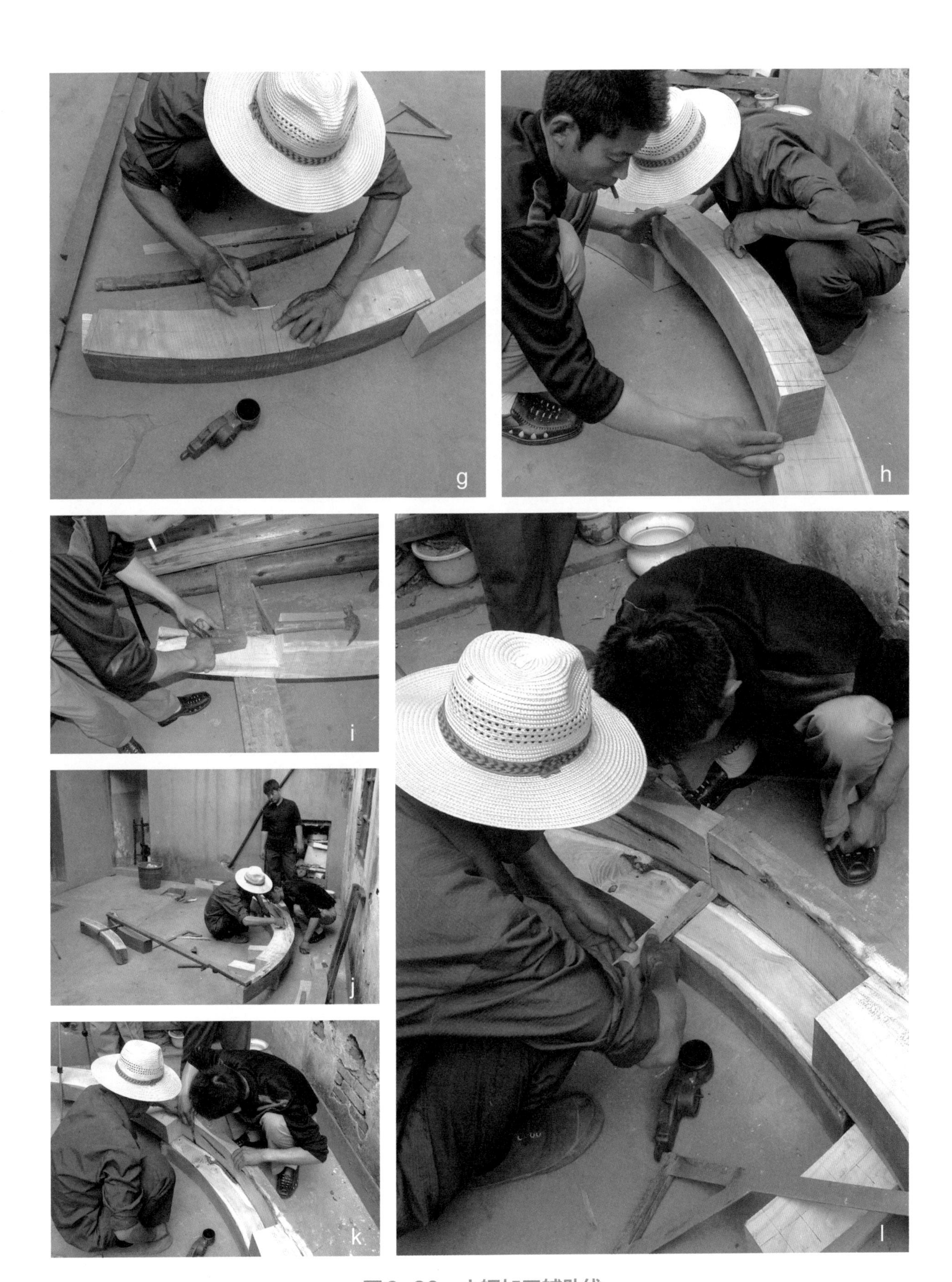

图3-20　小辋加工辅助线

各小辋的精加工

工匠师傅根据上步骤的裁切线进行裁切、修整等精加工，然后利用了电动机床刨整出小辋外圆的弧面，使大小辋的接合介面能平顺契合（图3-21）。

图3-21 小辋精加工外圆弧面

大辋与小辋之榫卯结构的加工

大辋与小辋的榫卯结构是长方暗双榫。此工序的榫卯结构加工主要是在每一小辋的两端加工出两个长方榫（其内面相距58 mm），及在两端的大辋对应面凿出两个长方卯孔以相配合。要特别注意之处是这长方暗双榫结构不能与棰孔有干涉，其做法是使两个长方榫卯之间可允许棰孔通过。在上一步骤的小辋精加工时，工匠师傅在小辋两端面预留两个长方榫的加工长度。它的工序也是画出加工辅助线再进行加工（图3-22）。

图3-22　长方榫加工

开凿88个榫孔与8个通支穿孔

本步骤是木匠师傅根据工序二所画的大辋、小辋上各榫孔加工所需要的辅助线，进行凿孔。加工时，木匠师傅们以斧头锤击凿子，逐一加工出径向的通孔。因为榫孔数量多，且桑木质地坚硬，凿孔前会先以电钻进行开孔的粗加工（图3-23）。

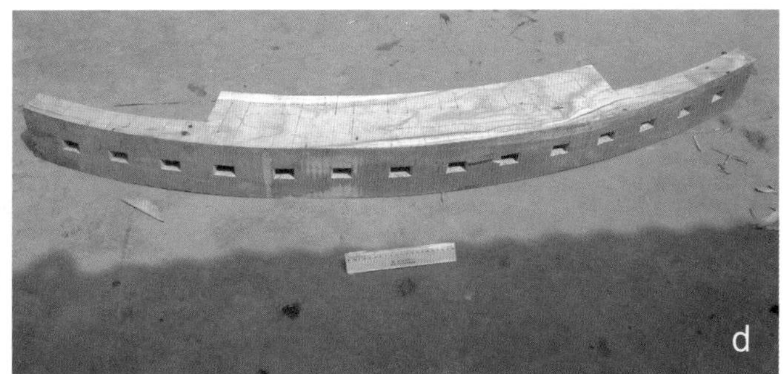

图3-23　椳孔开凿

当88个椳孔加工完成，木匠师傅便可确定8个通支穿孔的位置并进行凿孔，但不用通孔，而是凿出深50 mm的盲孔。特别注意的是8各通支穿孔与各椳孔不能干涉（图3-24）。

图3-24　通支穿孔

棰的加工与安装

凿孔完成，便开始进行88个棰齿的加工与安装。棰齿在下料和晾晒之后，木匠师傅利用电动刨床刨出一侧基准面，再根据对应的棰孔进行装配加工（棰榫尺寸：约长220 mm、宽40 mm、高27 mm。其中，8个挂棰的榫长需约长300 mm）。此工序全由陈亚老师傅亲自来完成。

在本步骤中，陈亚老师傅先制作了一“棰长尺规”（图3–25）。在工序一中木匠师傅已经以车辋径向尺规在大辋、小辋上画出一个基圆弧。故棰长尺规是以此基圆为底，径向钉出每根棰的长度。因此，安装棰时，棰必须进行修整的精加工，一能紧配合于对应的棰孔，二能符合棰长尺规的长度（260 mm，凸出车辋约130 mm，要预留在组装过程调校的裁切需求）。

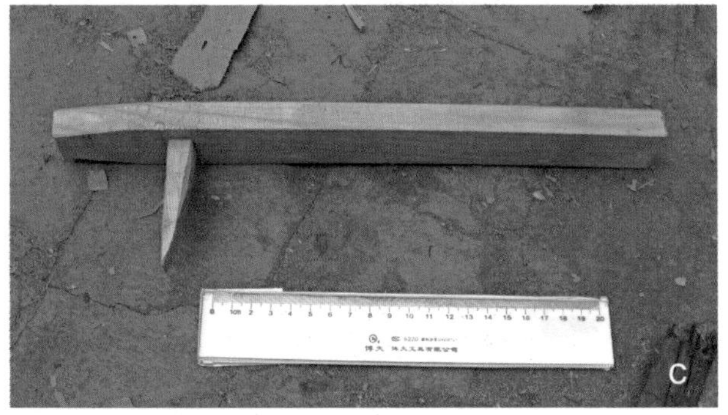

图3–25　陈亚老师傅制作“棰长尺规”

另，要求各棰间距相等与否是棰齿安装好坏的判断准则。棰孔的开凿和棰齿的安装若都能保持径向的真直度，则各棰间距都会相等。但传统工法的误差是难免的，故只能靠装配过程来修正，这也是此工序中最主要的工作内容（图3–26）。其中，大辋中段的各棰间距在安装时便要求其棰间距等距，也容易做到。小辋段的各棰安装是比较耗时的，因其棰也用来榫接大辋与小辋。

图3-26　榫齿制作及安装

调校榫间距

88个榫间距要等距是大齿盘与旱拨啮合传动平顺的基本要求。当整个车辋连接起来后，木匠师傅便开始检测其榫间距是否等距，否则，必须进行调校。此次调校在小辋段花费了较多时间。若要精确，车辋必须先进行真圆度的调校。因在大风车组装阶段会再精确的调校，故陈亚老师傅在此工序中只是试调校（图3-27）。

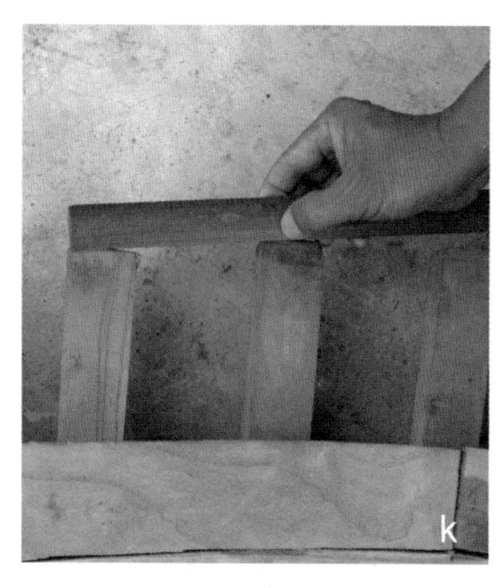

图3-27　调校棰间距

3. 木作之三——龙骨水车的加工

龙骨水车是由槽筒、龙骨（链条）、水拨（主动链轮）和杌掇子（从动链轮）等部分组成的。使用时，龙骨水车底端的一部分在水面以下，而顶端与跨轴上的水拨相对。水拨的转动带动龙骨与槽筒底端的杌掇子转动，从而实现龙骨鹤子（链节）上的梻板连续提水。龙骨水车的加工主要是四个工序，包含槽筒、杌掇子、龙骨及水拨等的加工，分述如下。

槽筒加工

槽筒为箱形结构，它的加工工艺的特别之处在于自身结构的两个特点：一是较长的筒身，此次复原制作的槽筒近6 m（约长5883 mm），可适用于较高的水头；二是低拱形筒身。陈亚老师傅所制作的槽筒并非如古今龙骨水车示图中常见的直线形，而是中间略高的低拱形，以减少梻板与槽筒中段底板的间隙，保证提水效率。该槽筒的底端底槽板开出一高80 mm、底40 mm的三角形补水口，也是提高提水效率的做法（图3-28）。

槽筒的组件有底槽板、侧槽板、列槛桩、横隔杆、压栏木、行梻（行道板）、搭楔子（打契子）及轴座等。杆件间主要是以榫卯方式接合，如列槛桩与横隔杆。压栏木是以贯穿露面方榫（单肩贯穿榫）接合形成槽筒的框架。其中，与横隔杆之方榫间使用木销固定。最后端列槛桩与轴座则是以贯穿方榫（双肩贯穿榫）接合，其榫接位置的高度须考虑到龙骨板进入槽筒的顺畅性，而轴座与列槛桩和压栏木形成的空间，不但要使杌掇子方便放置安装，也要使机掇子能稳定转动且不会脱落。搭楔子在中间（第8列）槛桩的位置取代横隔杆与列槛桩榫接，其功能是防止龙骨的倒转（即大风车的反转）。槽板间则是以爬头钉（传统锻造铁钉）接合形成凵型，同样再以爬头钉固定于列槛桩。行桄除与第一横隔杆榫接外，皆是以铁钉固定在横隔杆上。槽筒从前端第1列槛桩到第16列槛桩的宽度（390 mm）都相同，之后渐宽（第17列槛桩是410 mm，第18列槛桩是430 mm，尾端是450 mm），目的是导正龙骨从机掇子能平顺地进入槽筒。此外，行桄前端的两侧压栏木加工成较大的倒角也是用来导正从水拨进入行道板的龙骨。

a

b

c

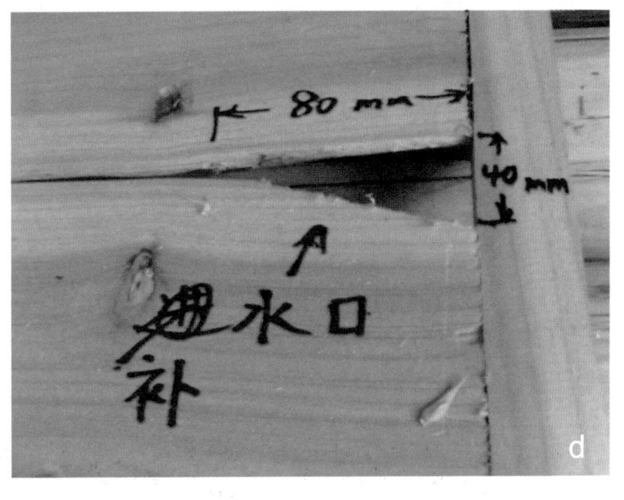

d

图3-28　槽筒加工

机掇子加工

机掇子安装于槽筒后端的轴座上，是从动链轮，有6根水齿。水齿的外形扁而宽大（梯形，上边约110 mm、下边约90 mm、高约115 mm、厚约20 mm），以齿顶作为与龙骨的啮合部位。机掇子的加工制作过程与旱拨、水拨相同。

①先加工出机掇子的酒桶型轮身（最大轮径145 mm，长545 mm），并在两端车出直径60 mm、长60 mm的轴心，轮身中间开凿6个均匀分布的沉孔（约长75 mm、约宽12 mm、约深60 mm），后安装水齿；②根据水齿与槽筒底板的距离以及龙骨之鹤子间前后的轴孔距离，初定一个适当的齿高（约高115 mm）；③将所有水齿截为等高，再检测各个齿间距是否等距（约185 mm），否则必须将该水齿重新安装，最后，直接利用与龙骨的啮合测试，以进行各齿间距的调校（图3-29）。

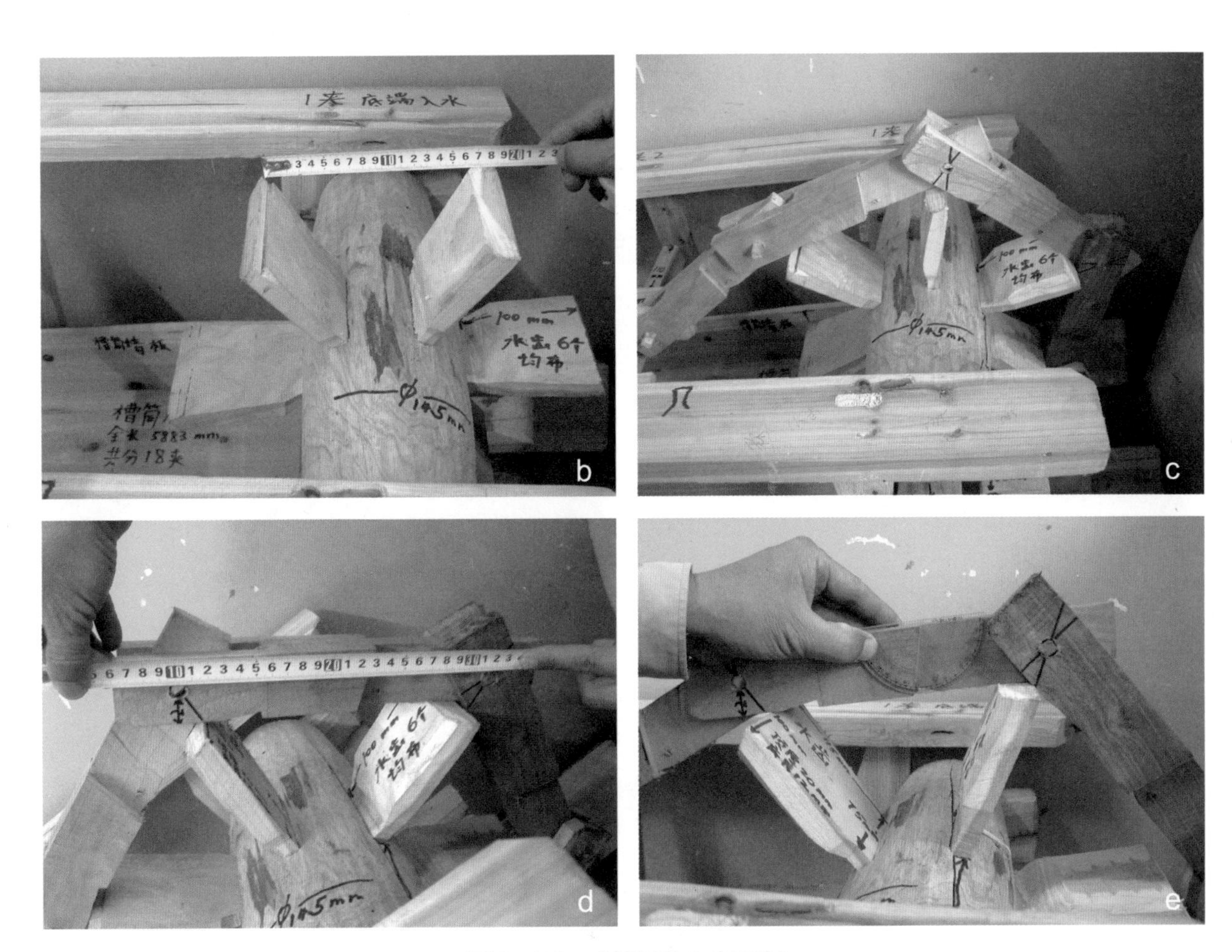

图3–29　杌掇子水齿调校

龙骨加工

龙骨属于刮板式链条，每个链节由鹤子、桄板、枧子、逼桄4个零件组成。因为每个龙骨链节的零件都可以互换，所以它的加工类似一个标准件的生产与装配的过程。

鹤子的加工是以桑木下料为四方锥体的实心木材，再裁锯成Y字形（长略超过330 mm），前端为凸形，后端岔开成中凹。因鹤子是标准件须以制具画出圆孔、缺口位置及裁切的尺寸，以保证尺寸的一致性，再用线锯、钻具等工具加工（图3–30）。

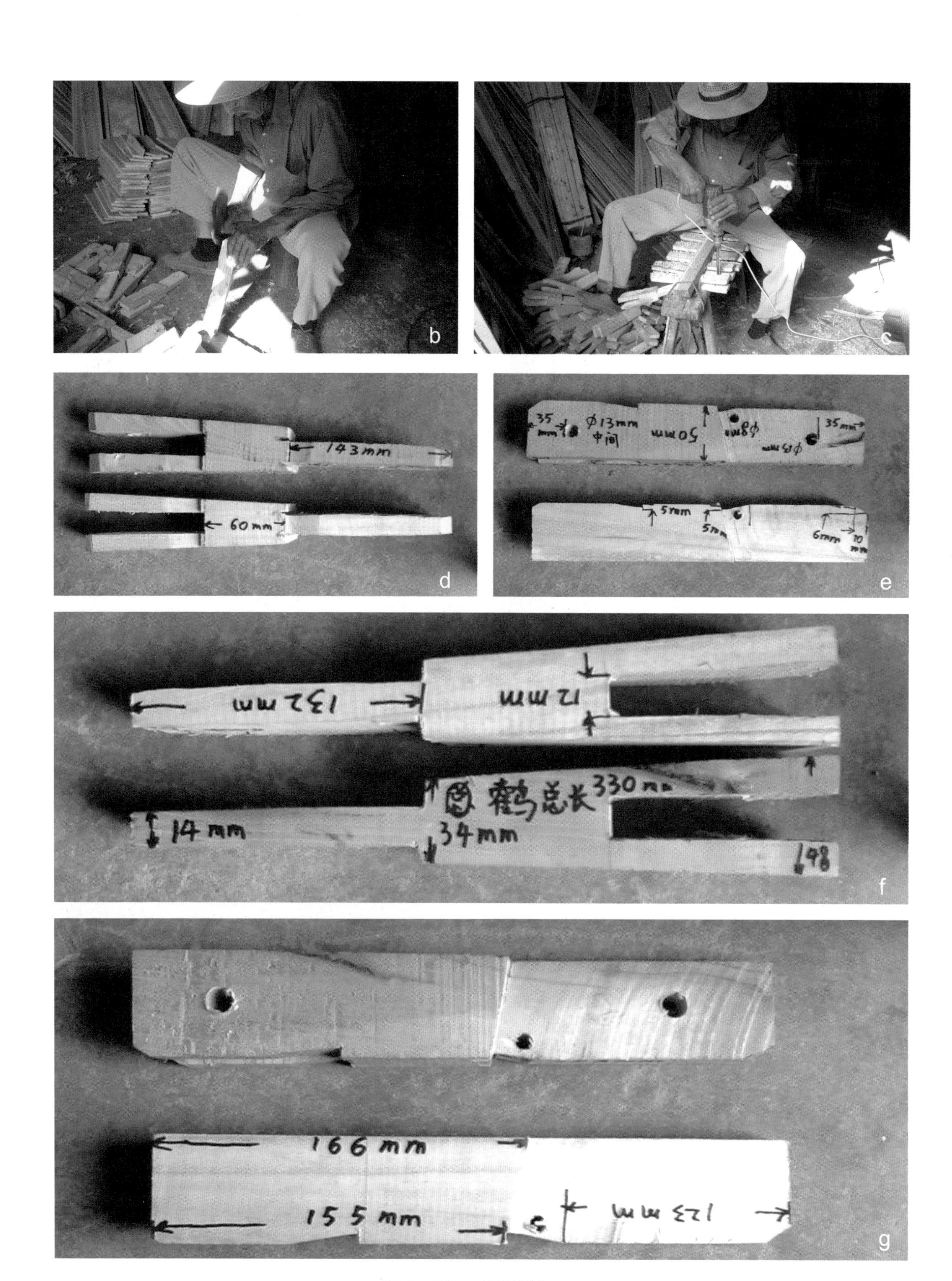
b
c
143mm
60mm
d
35mm
Φ13mm
中间
50mm
Φ8mm
35mm
5mm
5mm
6mm
10mm
e
132mm
12mm
鹤总长330mm
14mm
34mm
98
f
166mm
155mm
123mm
g

图3-30　鹤子的加工

桲板即龙骨板，也是标准件，其尺寸是由槽筒的大小决定的。此次复原是以柳木裁锯成小方板（长330 mm、宽126 mm、厚6 mm），再以制具在板中央画出长50 mm、宽20 mm的长方形，然后凿孔并以线锯加工出桲板孔。

龙骨的组装主要是以斧头并辅以凿子，对鹤子的细部进行加工：①首先去毛边，包括整修缺口和圆孔；②再将桲板穿入，因其桲板与鹤子组配不是呈直角而是有一斜度，故鹤子的凸肩下缘要先削成圆角（或倒角），才能顺利组配；③然后以一个逼桲小竹销紧配合地钉入圆孔，防止桲板脱离凸肩，即形成一链节；④两链节连接时将两两鹤子的前后凹凸相合，并以梘子（小木钉）贯穿入圆孔，使其枢接且能弯曲自如。如此，直到所需要龙骨长度为止。此次制作的龙骨有100个链节，其关键细节见图3-31所示。

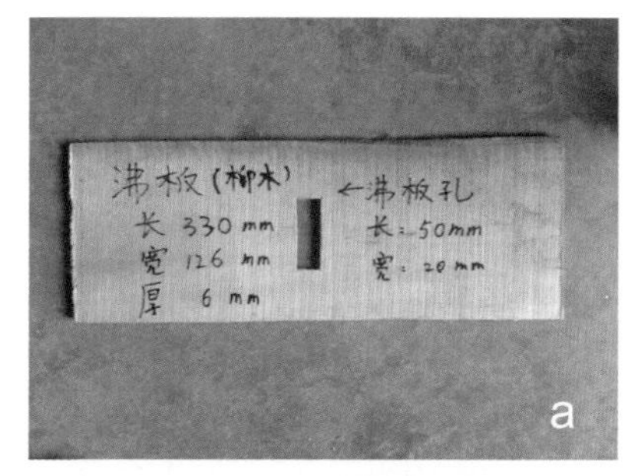

图3-31　龙骨组装

水拨加工

水拨与旱拨是水车与风车之间的传动部件，位于跨轴（传动轴）的两端，分别与龙骨、大齿轮啮合传动。

其中，水拨是龙骨水车的主动轮，带动龙骨与槽筒尾端的机掇子转动，以便龙骨链节上的楴板连续提水。水拨以其齿顶与鹤子后端的刻口啮合，带动龙骨运动。机掇子的齿顶则是各与两相邻鹤子弯曲处相啮合，此有别于透过链孔传动的近现代链条。鹤子的啮合方式不降低龙骨链节的强度，因而可以简化鹤子结构与制作方式。这也符合木制零件制作的特点。

水拨的加工工艺与旱拨、机掇子基本相同，主要有四道加工工序。

加工拨身

水拨拨身是桑木经过下料及晾晒后由陈亚老师傅及其助手加工的。他们在拨身的轴向端面以框锯裁锯，再以凿子修整，而其圆柱面则是以斧头进行削整，并辅以电动木工机床来刨整。最后的精加工则是木匠师傅们利用手工刨刀修出酒桶状拨身。本次加工的拨身（约直径370 mm、长235 mm）是经过多次的修整而成的（图3–32）。本次制作因时间较为仓促，桑木料并没有足够晾干，这也是造成之后水拨拨身产生龟裂的原因。

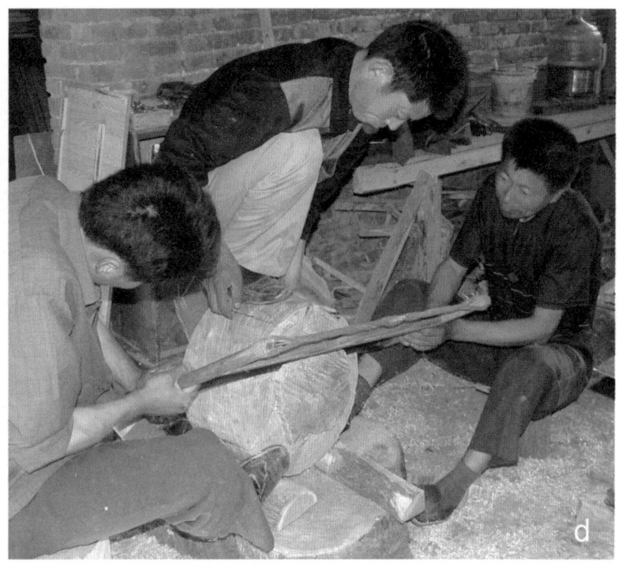

图3-32　水拨拨身加工

画线与凿孔

按拨身的形状和尺寸加工完成后，木匠师傅们便开始测绘出轴心位置与9个水齿的位置，然后再以凿子凿孔。其中，水拨轴孔为约100 mm × 100 mm的方形通孔，拨身中间开凿9个均匀分布的沉孔（约长80 mm，约宽15 mm，深60 ~ 70 mm），以便后期安装水齿。图3-33可看见旱拨加工的过程。

c

d

e

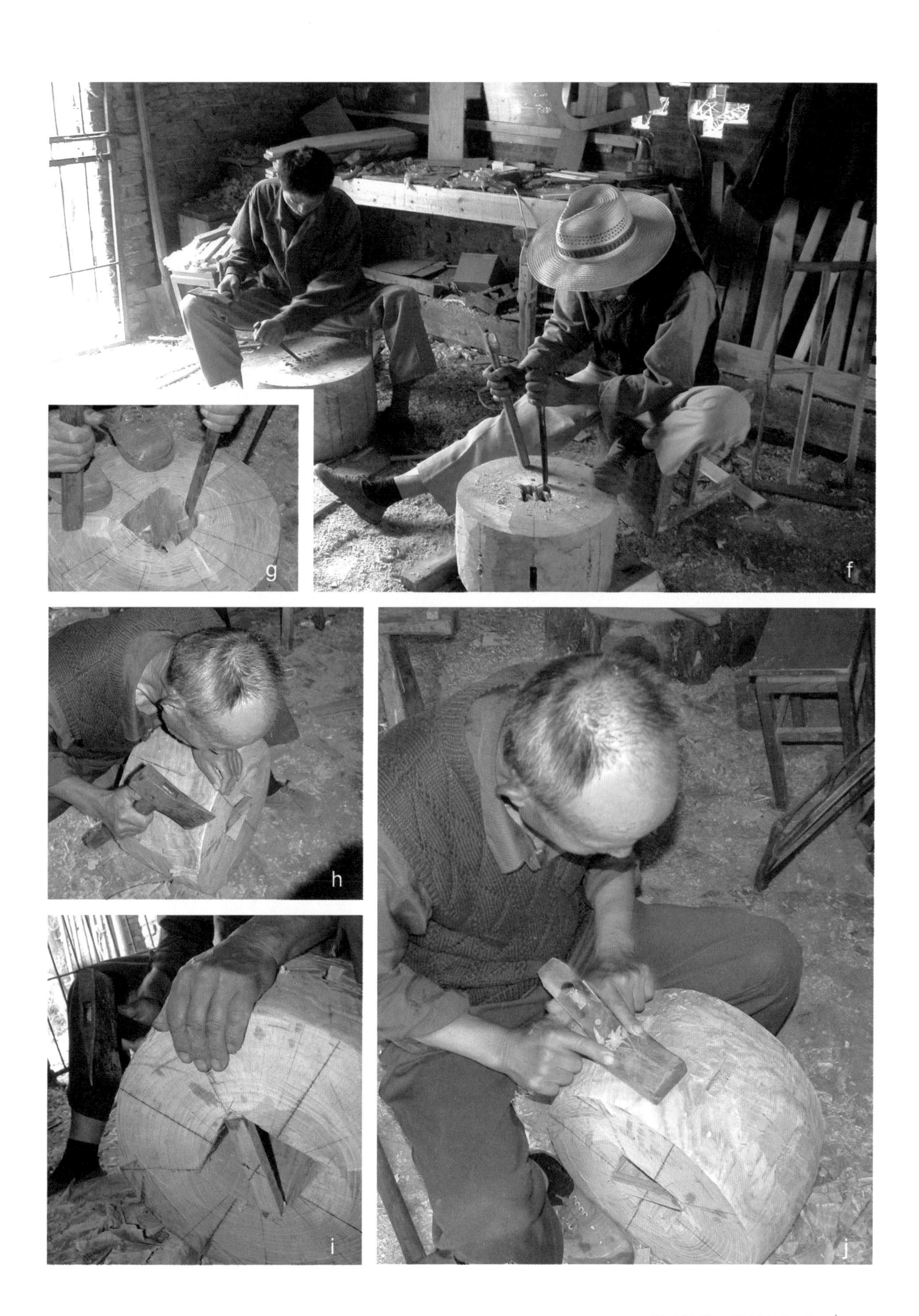
g
f
h
i
j

图3-33 旱拨加工过程

安装铁箍

木匠师傅在拨身两端面的外缘凿出略小于外缘直径（约370 mm）的圆柱榫，之后将事先准备好的铁箍紧配安装到位（图3-34）。

图3-34 旱拨安装铁箍

安装水齿及调校齿间距

水齿是从桑原木下料为超过20 mm厚的桑木板经晾晒后进行画线裁切，再经过锯、刨等精加工形成一等腰梯形（上边约80 mm、下边约145 mm，高约200 mm，厚约20 mm）。此次复原共需要加工制作10个水齿（图3-35）。

图3-35　水齿加工

木匠师傅安装水齿主要是利用斧头进行切削加工与组配，组配时注意水齿的径向真直度，一一组配好之后，便开始找出水齿高度。

因水拨是以其齿顶与鹤子后端的刻口啮合，据此得到齿间距（约210 mm），如此木匠师傅便可找出水齿高度。陈亚老师傅先找出拨身轴心位置，作为自制旋转杆尺的圆心，以轴心至水齿高度距离为半径（约300 mm），在两端旋转杆尺拉紧墨线，一一在各水齿上画出裁锯线（高度线），再以木尺测量其各齿间距是否为210 mm，若其值小于210 mm则提高齿高，反之，则降低齿高。确定后则以框锯沿裁锯线将所有水齿截为等高，然后检测各个齿间距是否等距，否则必须将该水齿重新安装，并以其径向真直度与否，进行各齿间距的调校，直到全数皆为等距（图3-36）。

与旱拨、机掇子相比而言，水拨仅在外形上与它们有两点不同：①水拨齿的外形与机掇子一样是扁齿，而非柱状的棰；②水拨有9个水齿，其拨身与跨轴通孔的直径比旱拨（方通孔约135 mm × 135 mm）的小，但比机掇子的大。在此复原中，加工旱拨、水拨和机掇子的最关键之处是保证齿间距相同。

水拨加工完成后，木匠师傅试着把水拨与龙骨链条、机掇子配合，其目的一方面是校验水拨齿与各链节的啮合是否正常；另一方面是确定龙骨的链长，以便增加龙骨链长，或者去掉冗余的链节作为维修用的备件。

c
d
e
f
g
h

i

j

k

l

m

n

图3-36　齿轮安装及调校

4.风篷的加工

风篷，即篷，也称风帆或篷帆。此次制作与安装大风车正处夏季，加工蒲篷所需的蒲草与糯稻草还未到成熟期。我们先用帆布作了一套布帆，但过去一般农家大多使用蒲篷，因它便宜且易维修。布帆与蒲篷的结构相同，但在加工上布帆不需要打草绳和编织篷面，而代之以剪裁与缝纫这两道工序，其余工序仍按制蒲篷的要求完成。

2006年深秋，我们在当地收购了蒲草和糯稻草，共制作了10张蒲篷。其中，8张作为一套大风车的风篷，2张作为备用风篷。风篷的主要制作工艺属于传统的手工编织技艺，因而不在木匠师傅的职责范围之内；又因其制作难度不高，故以往多是普通农户家庭农闲时的手工作业。精于此制作技术与编织技巧的多是职业管护大风车的看车人。我们委托陈巨一家承作风篷，并在当地聘请一位老看车人77岁的彭学兆（川彭村六组人氏）作技术指导（图3–37），以陈巨家的场院为主要的制作场制作风篷。

图3–37　技术指导彭学兆先生

蒲草是制作风篷的主要原料（图3–38）。在苏北的许多乡村，蒲草遍及沟渠之滨，野生野长，属于香蒲科的植物。深秋时节，成熟香蒲草的茎叶可高达2 m，颜色黄白，水分含量少，柔韧且重量轻，正适合编织作篷。收割后，

图3–38　收割香蒲及凉晒图

经去根、除泥，晾晒数日，待茎叶不潮不脆即可使用。编织细草绳的糯稻草亦然。糯稻草较普通稻草长，纤维的韧性也好，过去也常用来打草鞋或绞草绳。

一面完整的篷的结构示意图见图3-39所示。编织蒲篷时，工匠以成熟的蒲草为主料，沿纬向编排成篷面并辅以细竹为桁骨；经向则以草绳（篷筋子）穿插其中，编缀。每张风篷皆捆扎一组用于系挂的桅绳，以及另一组用于操控转向的驾绳（帆脚索）。风篷的加工工序大致可分为打草绳子、作篷筋子、挂篷筋子、编蒲篷、捆篷竹、穿平衡筋、扎桅绳、系驾绳、系捆篷绳等。

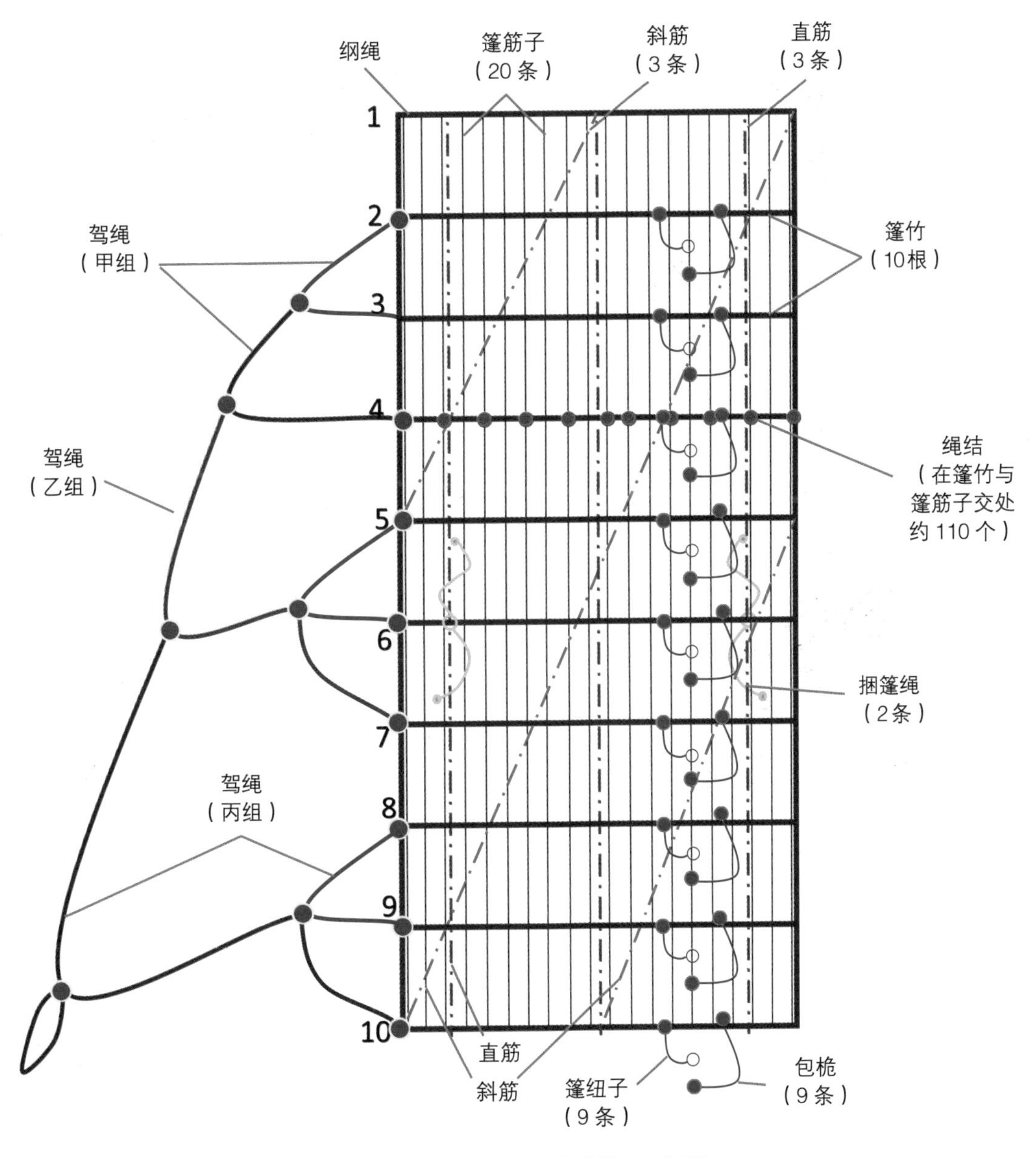

图3-39 蒲篷的结构示意图

打草绳

制作篷帆所用的草绳式样较多，有纲绳、驾绳、包桅、篷纽子、捆篷绳、直筋、斜筋、篷筋子及绳结等。草绳材料是糯稻草。打草绳即搓绳，是将捶松软的稻草搓揉成所要的粗绳和细绳。打草绳时，工人首先用脚踩住稻草根部，然后用手把稻草分成两股，两手各持一股，接着，用两只手掌把两股稻草搓紧而相互纠缠在一起。当稻草搓至将尽时两股交替添草，直到所要的长度，并将它团捆起来。打草绳全凭工人双手的技巧，两股稻草的粗细、松紧度要一致，添草也要均匀，以保持草绳直径大体不变为妥（图3-40）。

图3-40　打草绳

作篷筋子

篷筋子是一条细草绳，为篷帆的经绳。制作时可利用地上两根相距略长于篷帆长度距离的木棒，以细草绳缠绕之，再任选在一端木棒处剪断，即可裁剪出每一条篷筋子所需的长度。在篷筋子中间处打一活结作记（亦即在地上另一端木棒处），两端系上木坠子作为绳锤（绳锭），将草绳捆绕其上至近中间活结处（图3-41）。每张篷帆制作需要20条篷筋子，故本次制作至少需要200条篷筋子。

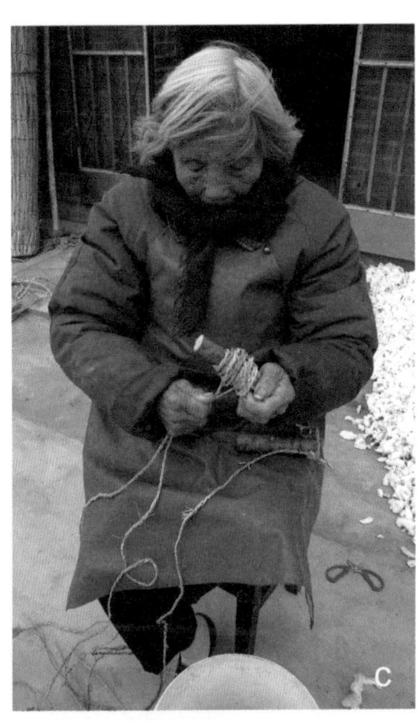

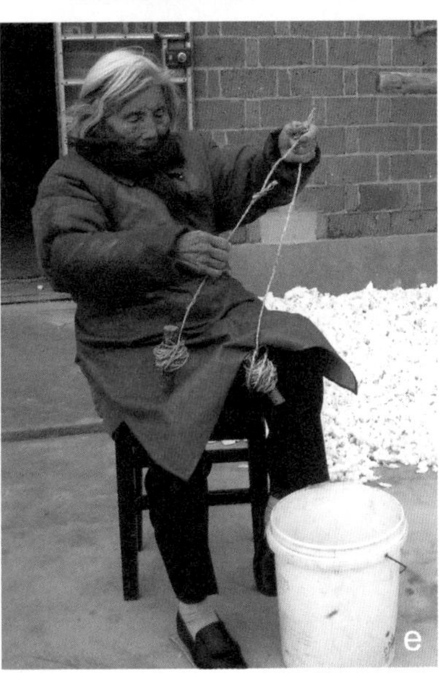

图3-41　制作篷筋子

挂篷筋子

工匠师傅准备一个绑上一根横木的简易木架子。横木长度要大于篷帆的宽度（2 m），并根据织篷的经绳间隔，在横木上画记。篷帆的经绳称为篷筋子，一般2 m幅宽的篷，应均匀地排布篷筋20条，亦即每一篷筋子间隔平均约为10 cm的宽幅。故在横木上至少要画记出20个挂篷筋子的位置（每隔10 cm），以便编制每张篷帆（图3-42）。

图3-42 挂好的篷筋子

编蒲篷

纲绳的安置与编织

把梳理好的蒲草，置于木架旁，2位编织人站在木架前编篷。首先置纲绳：将纲绳置于横木上，两端钩挂在木钩子上（木钩子是安置在横木两端上方的墙上），其两端预留长度要比篷帆的长度还长（有一端还要再加上篷的宽度），并交错更替绳锤前后位置以进行编织（图3-43）。

图3-43　安置纲绳

蒲篷的编织

将一根根蒲草安置在横木上（简称“投草”），使草头在纲绳处折向里面（帆以篷的外面为正面，里面为背面），内折草头要稍通过距篷边第2条篷筋子（15 ~ 20 cm），其尾梢部亦须折向里面。内折草尾长度不拘，但亦至少要通过距篷边第2条篷筋子。再交错更替绳锤前后位置以进行编织。投草应按照一根以草头置于右端，下一根则以草头置于左端，这样一右一左交叉地投草。草头和草尾都是以纲绳为折边线，折向里面以形成锁边。故折边时要注意纲绳是否对齐横木上的画记，以确保篷幅宽一致整齐。

每次投草时，要注意疏密度且均匀；篷筋子要压得紧而匀，千万不能时松时紧。当依次编织到规定的长度后，再以纲绳为篷尾，亦即将有预留篷尾长度的纲绳，从经向转入纬向，作为篷的尾边，并剪断绳锤，以篷筋子在纲绳上打结。最后，把整张篷帆从木架上脱下，进行清洁和整修。整个蒲篷的编织见图3-44所示。

图3-44 蒲篷编织

捆篷竹

捆篷竹以细竹为桁骨捆扎，每张篷帆需要10根篷竹。篷竹须用超过4.5 m长的竹子，头尾管径较均匀者为佳，管径2 ~ 3 cm，并锯截出4.2 m的长度。另准备同样粗细的竹材，以加强上下端篷竹的强度，其长度约为2.1 m。其工序如下。

弯折篷竹

每根篷竹由中间处对折，并将蒲篷夹在其间。故工匠师傅会先在篷竹中间处削出一缺口（5 ~ 6 cm长），再利用火炉烘烤。烘烤前先用湿抹布将竹子缺口处沾湿，避免加热时将竹子烤焦，慢慢加热使缺口处软化。加热过程中若竹子太干燥要用湿抹布将竹子沾湿再继续烘烤，并慢慢折弯，直至对折（弯曲180度，图3−45）。

图3−45　弯折篷竹

捆扎篷竹

工匠师傅将篷竹捆扎在蒲篷上，先在两端和中间处用铁丝线捆紧，而篷竹与篷竹间距约50 cm。再用细草绳将每一根篷竹与篷筋子（经绳）系紧。原则上，每隔一篷筋子系绑一细绳，由两边向中间系绑，每一篷竹应有11处绑有细绳（图3-46）。

图3-46　捆扎篷竹

穿平衡筋

平衡筋包含2条直筋、3条斜筋，其作用在于加强篷帆的结构。

定位

直筋2条位于距篷帆左右两边约25 cm处，即在第3条和第18条篷筋子位置。斜筋3条，1长2短。长者是穿越篷帆的对角线，由上端篷竹之头尾端处至下端篷竹之折弯端处；一短者是由帆上端篷竹的中点至第6根篷竹的折弯端处，另一短者是由第5根篷竹的头尾端处至帆下端篷竹的中点。

画线

工匠师傅以细绳作尺、竹为笔，用竹笔沾墨，在帆上画出3条斜筋、2条直筋，同时也画出包桅、篷纽子的位置线（图3-47）。包桅线是距篷竹的头尾端处的第5条篷筋子，篷纽子线则处在第7条和第8条篷筋子间。

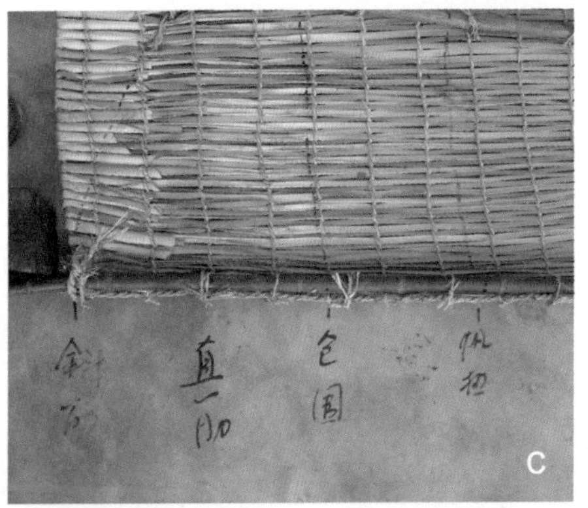

图3-47　平衡筋画线

穿筋

工匠师傅先把约50 cm长的竹片做成竹穿，并根据直筋和斜筋位置，以竹穿穿越篷蒲，以铁丝为针穿带粗绳，随竹穿布筋，并在经过每一篷竹时要绕系篷竹一圈且打一单结拉紧固定，以便固定篷竹间筋线的长度（图3−48）。

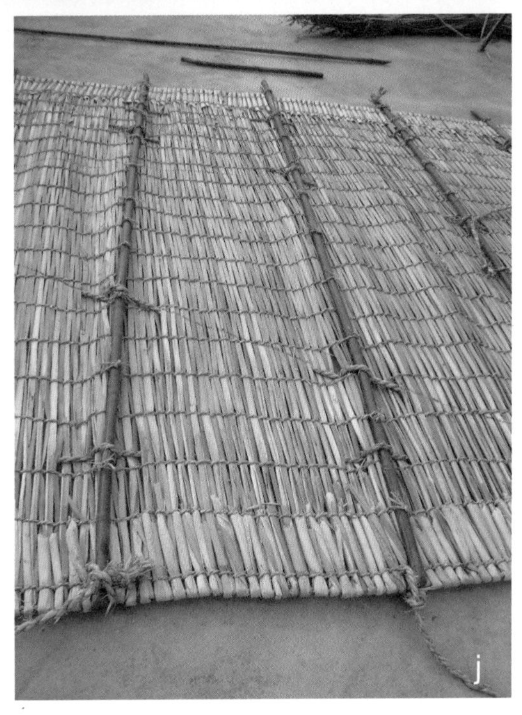

图3-48　帆篷穿筋

扎桅绳

桅绳包括包桅绳和篷纽子。工匠师傅根据上步骤所画的包桅线、篷纽子线，在第2根至第10根篷竹上扎系包桅绳和篷纽子。包桅绳（全长约90 cm）一端以半结方式系在篷竹上，另一端约60 cm长，头端结成扣子，以扣在篷纽子。篷纽子形似绑马尾一般（全长约105 cm），但头端是一纽子，沿着篷竹首先在交篷纽子线上打一个半结，纽子端长度留出约为5 cm，再隔2条（距头尾端第10条）篷筋子上打一个半结，又隔1条（第11条）篷筋子上打2个半结（图3-49）。

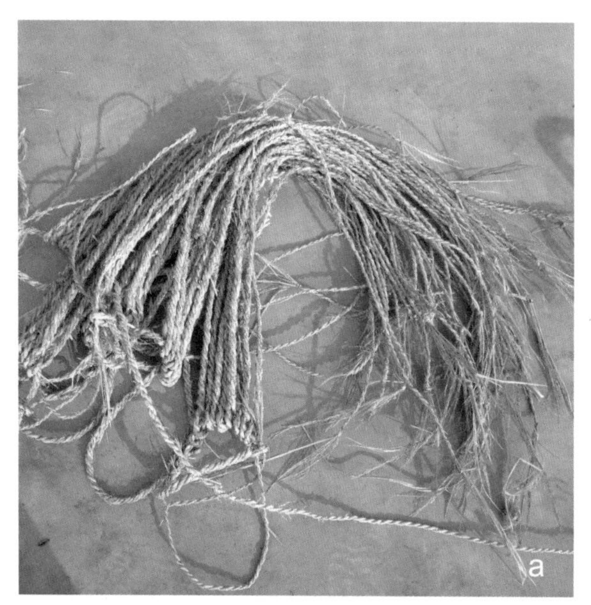

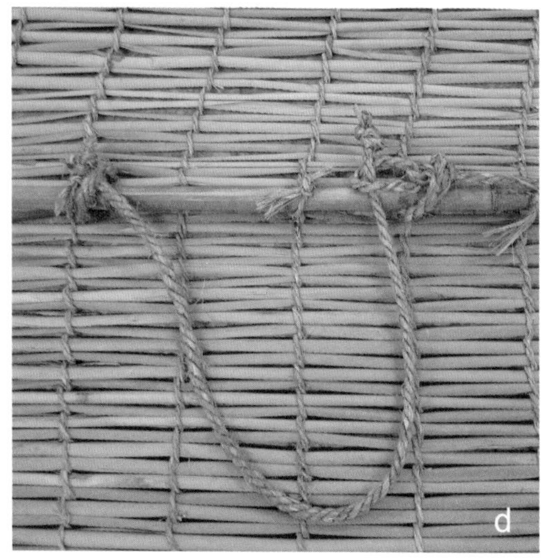

图3-49 扎桅绳

系驾绳

驾绳就是帆脚索，共由三长和三短的3组绳子组成。帆篷上除上端第一根篷竹不系驾绳外，系在第2、3、4根篷竹的驾绳为甲组，系在第5、6、7根篷竹的驾绳为乙组，系在第8、9、10根篷竹的驾绳为丙组。驾绳的3条短绳系的位置有讲究：第一条（约150 cm长）两端分别以8字结方式系在第2、3根篷竹折弯端上；第二条（约200 cm长）两端亦分别以8字结系在第5、6根篷竹折弯端上；第三条（约148 cm长）两端也分别以8字结系在第8、9根篷竹折弯端上。系驾绳须都要穿绕过纲绳。此次制作各篷帆的驾绳长度并不一致，上述的绳长是测量其中一个篷帆的驾绳长度且不含结绳部分的长度，以作为参考，下述亦然。

另外3条长绳系的位置为：第一条（约290 cm长）一端先以8字结系在第4根篷竹折弯端上，另一端则在甲组第2、3根篷竹的短绳上并打一可活动的半结；第二条（约350 cm长）一端以8字结系在第7根篷竹折弯端上，后沿在距约80 cm处与在乙组第5、6根篷竹的短绳上打一平结（或接绳结），最后另一端在甲组驾绳的长绳打一接绳结（或平结）；第三条（约720 cm长）一端亦以8字结系系在第10根篷竹折弯端上，后在距约113 cm处与在丙组第8、9根篷竹的短绳上打一平结（或接绳结），另一端系在乙组驾绳的长绳再打一接绳结（或平结）。最后，工匠师傅在调整好驾绳后，于驾绳尾端再打一结。整个系驾绳的关键细节见图3-50所示。

a

b

c

d

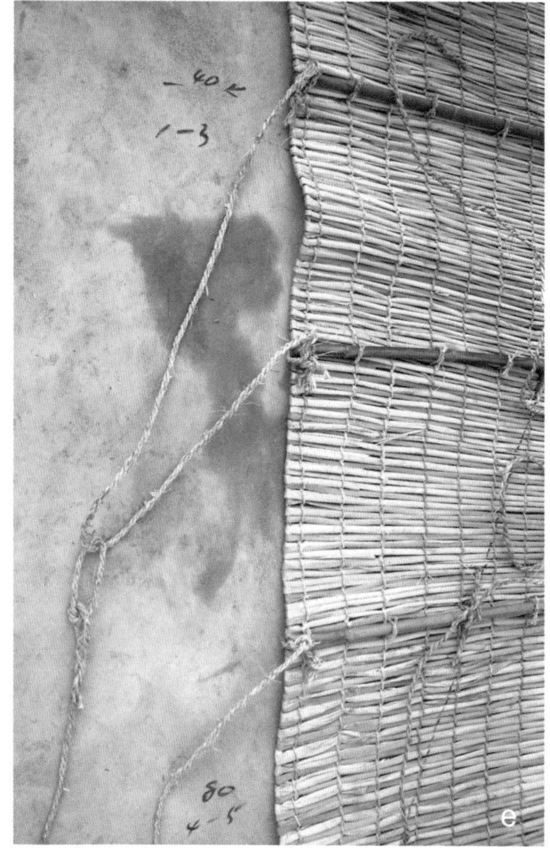
e

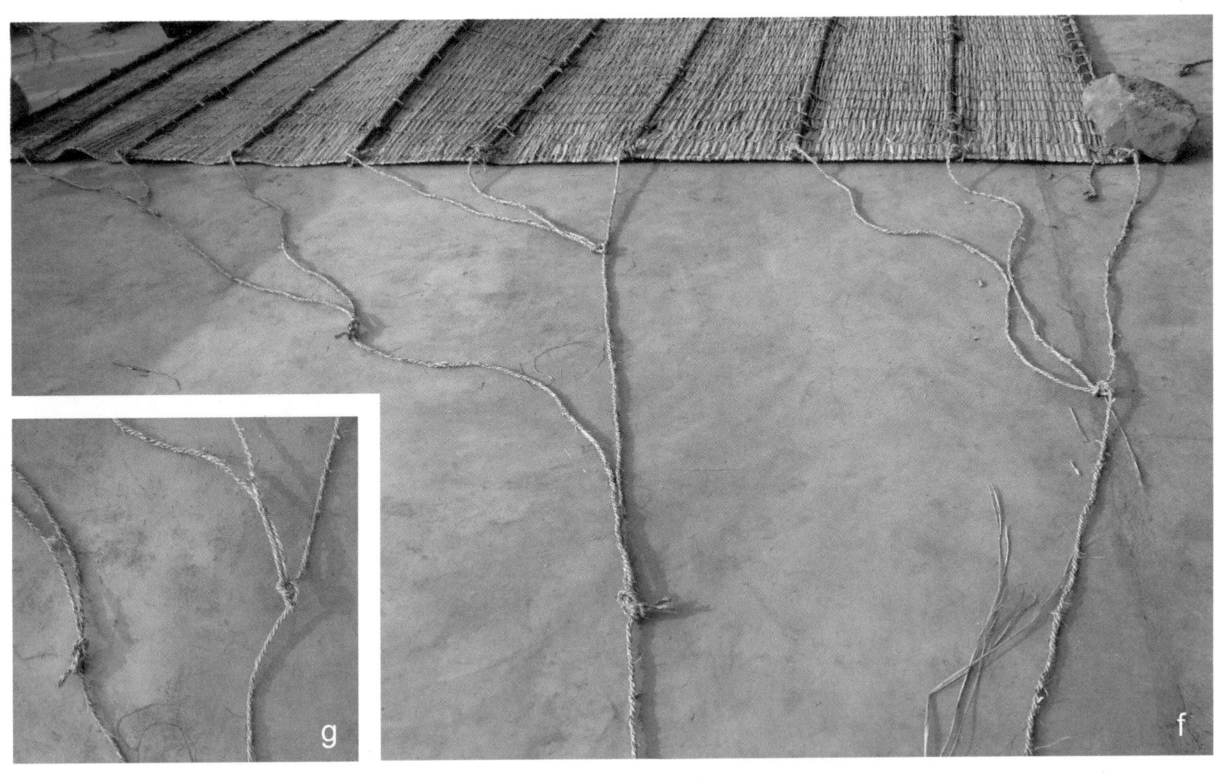

图3-50　系驾绳

系捆篷绳

捆篷绳全长约180 cm，系绑在距帆篷上端第6根篷竹上，系的位置在第4、17条篷筋子上。捆篷绳穿过篷竹后，将绳子取对称，之后再打一单结牢牢固定在篷竹上。捆篷绳两端各打一单结防止绳子散开，捆篷绳一端置于篷帆正面，另一端则在背面（图3-51）。

图3-51　捆篷绳

5. 铁件加工

一般而言，传统的木制机械需要用到的铁制构件，最常见的是铁钉。除此之外，在传统大风车的一些受力较大或重要的连接处也使用了一些铁制的部件，大致可归为连接件与摩擦件两类。前者有将军帽铁闩子、大缆、花盘、金刚镯、软吊、栊担撬盘、栊担钩子、铁桅榫、撑心钩子、天拢箍与地拢箍、水拨与旱拨铁箍，以及多种规格的铁钉等；而后者主要有公转、母转、车心铁角、水拨钏与旱拨钏等。若从制作工艺来考察，这些铁件又可分为铸造件、锻造件、铁线缆三种。其中，只有水拨钏与旱拨钏是铸铁件，软吊是铁线缆，其余铁件皆为锻造件。下文分别介绍它们的制作方法。

拨钏的铸造

在此次复原中，对铁件的铸造项目组选择了当地的一个小型翻砂厂。因水拨钏与旱拨钏的造型和尺寸都一样，其造型简单、尺寸不大且对精度要求不高，故使用砂模铸造成型。其步骤如下。

模型制作

根据陈亚老师傅提供拨钏的造型、尺寸及数量，工匠师傅进行了模型制作。因拨钏外环有一圆弧凹槽，其模型无法直接由铸模中取出，故翻砂厂韩师傅采用发泡塑料（即聚苯乙烯）制成可消失式模型（图3-52）。

图3-52　拨钏模型制作及翻砂厂内部

砂模制作

工匠师傅先将砂箱置于平整的地板上，然后将模型置于砂箱的中央，后将铸砂铲入砂箱内包覆模型加以锤紧，再填满砂以砂锤夯实砂模，并用刮尺刮平，翻转砂模置于地上，即后利用水平仪校正水平（图3-53）。

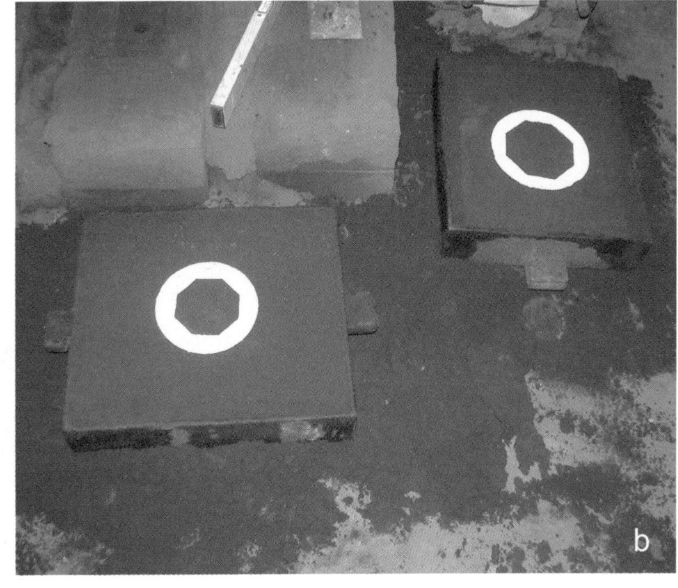

图3-53　砂模制作

浇铸

因拨钏的数量只有两件，故工匠师傅利用翻砂厂在其他浇铸工作开展下同时进行。亦即铸铁在化铁炉完成熔解作业后，工匠师傅便将熔融之金属液倒入吊挂式浇车桶，再以手提浇桶盛装移至砂模上，对准模型后倒入金属液。当发泡塑料模型遇熔融金属即气化而消失，续倒直至充满砂模之模穴为止（图3-54）。

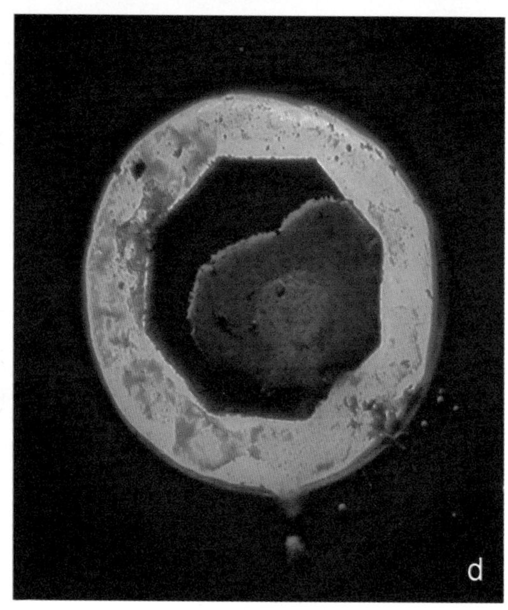

图3-54　浇铸拨钏

开箱与铸件清理

待铸件完全冷却后，工匠师傅立刻开箱，把砂模打破后将铸件从砂模中取出。再以喷洗作业清理铸件，最后以砂轮机修整表面（图3–55）。

图3–55　砂模中的铸件及取出后的铸件

铁件的锻造

锻造件主要是由海河镇打铁铺的杨日勇师傅来制造的。杨师傅的打铁铺与一般的传统打铁工坊一样，其设备主要以火炉、风箱、铁砧、铁锤为主，另有一台电动锤（一种空气锤形式的锻锤机器）。铁件的制造流程如下。

备料

根据陈亚老师傅提供的图样、尺寸及数量，杨师傅进行各种铁材的备料。其中，铁材材质以熟铁或钢铁为佳。此次复原主要锻造天拢箍、地拢箍、铁钩、金刚镯、花盘、长钉、大缆等，备料相对充足。

炉烧

杨师傅将备好的铁材放入火炉中，煨铁加热到炽红。杨师傅的作坊的火炉是以煤炭燃烧，并以风箱鼓风增加温度，待炉火达到一定的高温（若铁材为钢铁，需烧至1000℃以上），再把铁材埋进炉火加热至可以塑形的软度。此时铁材会变得通红。其中，火候控制和熔烧色泽全凭杨师傅的经验判断（图3-56）。

图3-56　杨日勇师傅炉烧铁材

锤打成型（锻锤塑型）

工匠师傅夹出炽红的铁材，经过反复的锤打与炉烧，去除铁材杂质，直到锤打成型的锻造件（即完成预定的形状）。

杨师傅根据工件的形状和大小选择以电动锤或手工打铁的方式锤打。一般工件较大且变形量大会先以电动锤来加工，即将铁材用铁钳夹放入电动锤的铁砧上，连续不断地锤打，直到捶打出设计所需的形状（图3-57）。如此锤打同时增加了工件的硬度。

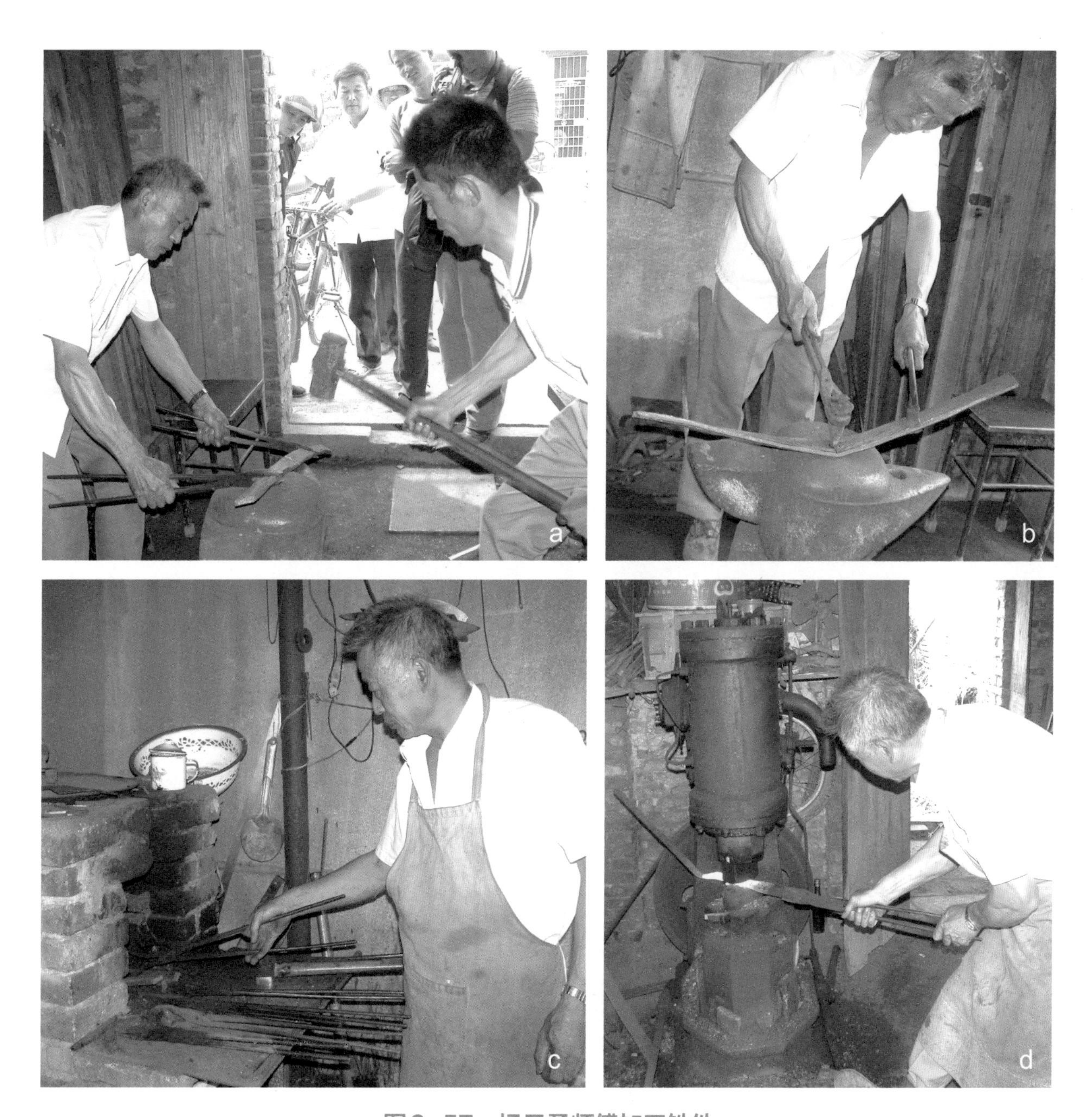

图3-57 杨日勇师傅加工铁件

手工打铁是必要的程序，不管是已经过电动锤锤打过的工件或小工件，都须要手工锤打成型。杨师傅将炽红的工件以铁钳夹放在铁砧上，以铁锤反复锤打塑型，并用牛角尖或其他制具锤锻出所要的形状与大小，如各种铁环、铁钩。图3-58是一种铁环的锻造过程，图3-59则是一种铁钉（爬头钉）的锻造过程。

图3-58　铁环的锻造过程

图3-59　爬头钉的锻造过程

热处理

打铁成型后，工匠师傅根据各锻造件的要求，需要对锻造铁件进行热处理程序，如淬火、回火、正火（正常化）及退火。

后处理

工匠师傅完成锻造件后，视需要进行磨光、修边、打孔或钻孔等处理。例如，撬盘、花盘及将军帽铁闩子都需要打孔或钻孔。

图3-60是大缆各部件的锻造过程和成品。大缆共有4条，用于支撑将军帽，需要能承受大的拉力。每条大缆实际是一条长约18 m的链条。每个链节由一个内径约8 cm的铁环与一根长约1.5 m两端被锻打成圆环的铁杆连接而成。加工大缆的技术关键在于每个环的接缝必须牢靠，工匠师傅一般采用所谓“搭火”的工艺，即趁铁环红热时将环缝的两端锻焊在一起。

a
b
c
d
e
f

图3-60　大缆各部件的成品及其锻造过程

图3-61是公转和母转的锻造成品。它们用于顶针轴承，需要有较高的刚性和硬度。其中，公转尺寸：公转座是长100 mm、宽100 mm、高20 mm，顶针为直径50 mm、高110 mm。母转尺寸：长250 mm，两端宽30 mm，中间宽40 mm，高16 mm。

图3-61　公转及母转的锻造成品

软吊的制作

软吊即�担缆，用2～3股铁丝绞成的线缆（图3-62）。此次大风车复原共需要制作8根软吊。软吊是一种由传统的绞线工具加工而成的双绞线。这种绞线的制作工具包括大弓、狗头及理绳车子3种器具，需由3个人协同操作。绞线的制作工具包含2种狗头，小狗头主要用于绞2股铁丝者，大狗头则最多可绞4股铁丝者。理绳车子也有2种，一是用于绞2～3股铁丝者，一是可绞至4股铁丝。绞软吊的制作过程是一人坐在系上2～3股铁丝的理绳车子上，陈亚老师傅手持狗头与背负大弓的唐师傅协同操作，将2～3股铁丝绞成的线缆。整个过程中高玉中老师傅和陈巨师傅也在旁协助。

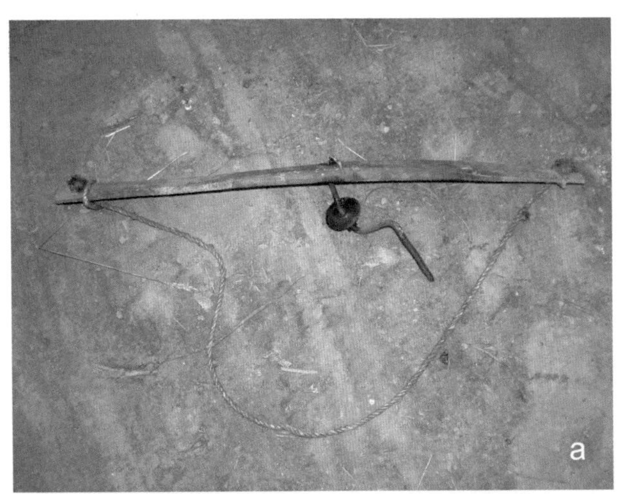
a

b

c

d

e

f

g

h

i

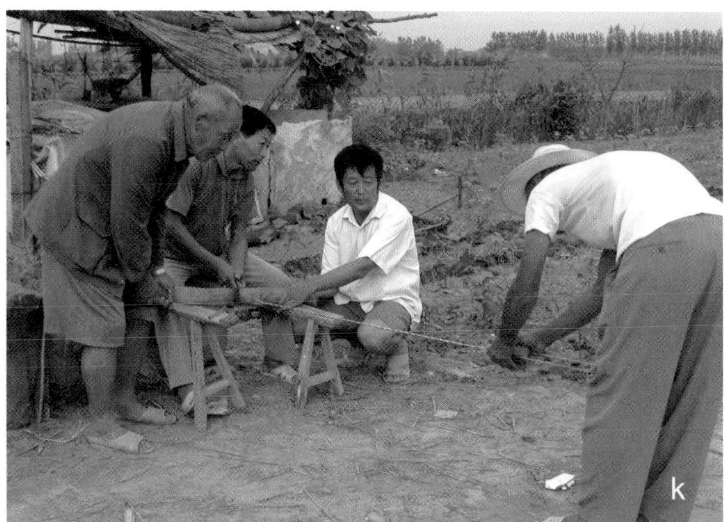

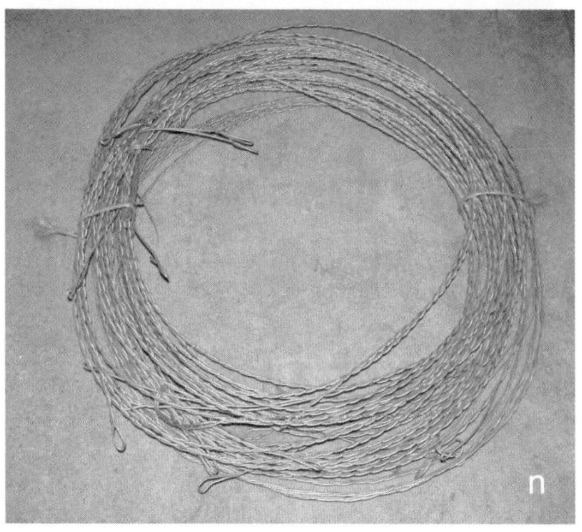

图3-62　绞线工具及绞软吊的过程

部分加工场景

大风车各部件的加工需要耗费不少人力、物力。此次复原虽尽力记录加工过程中的种种细节，难免有些场景、细节不够完备。限于本书篇幅，笔者择选部分场景图片列于本章尾（图3-63），不再一一注明，供读者参阅。

a

b

c

d

e

f

g

h

i

美化海河环
j

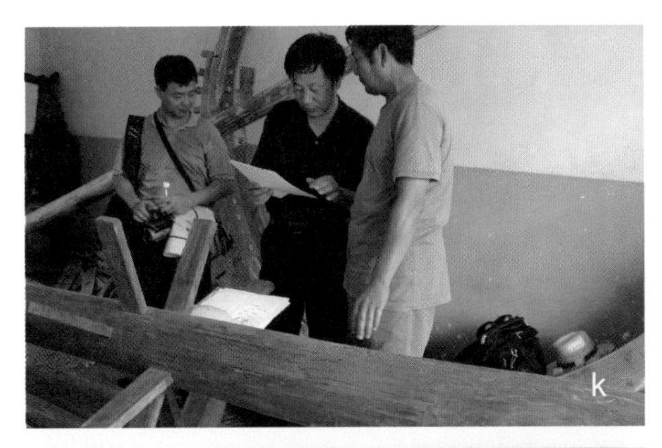
k

m

l

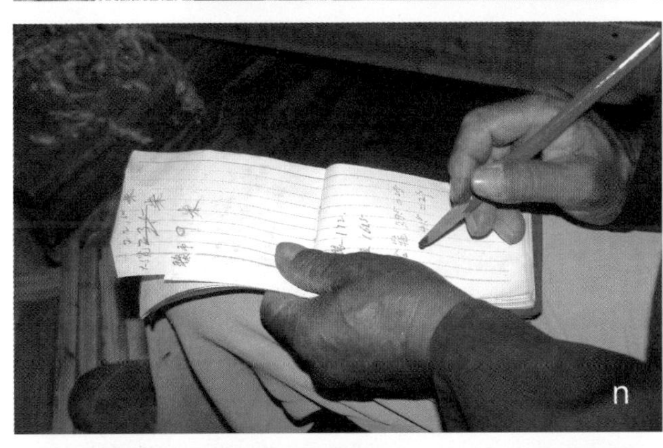
n

o

p

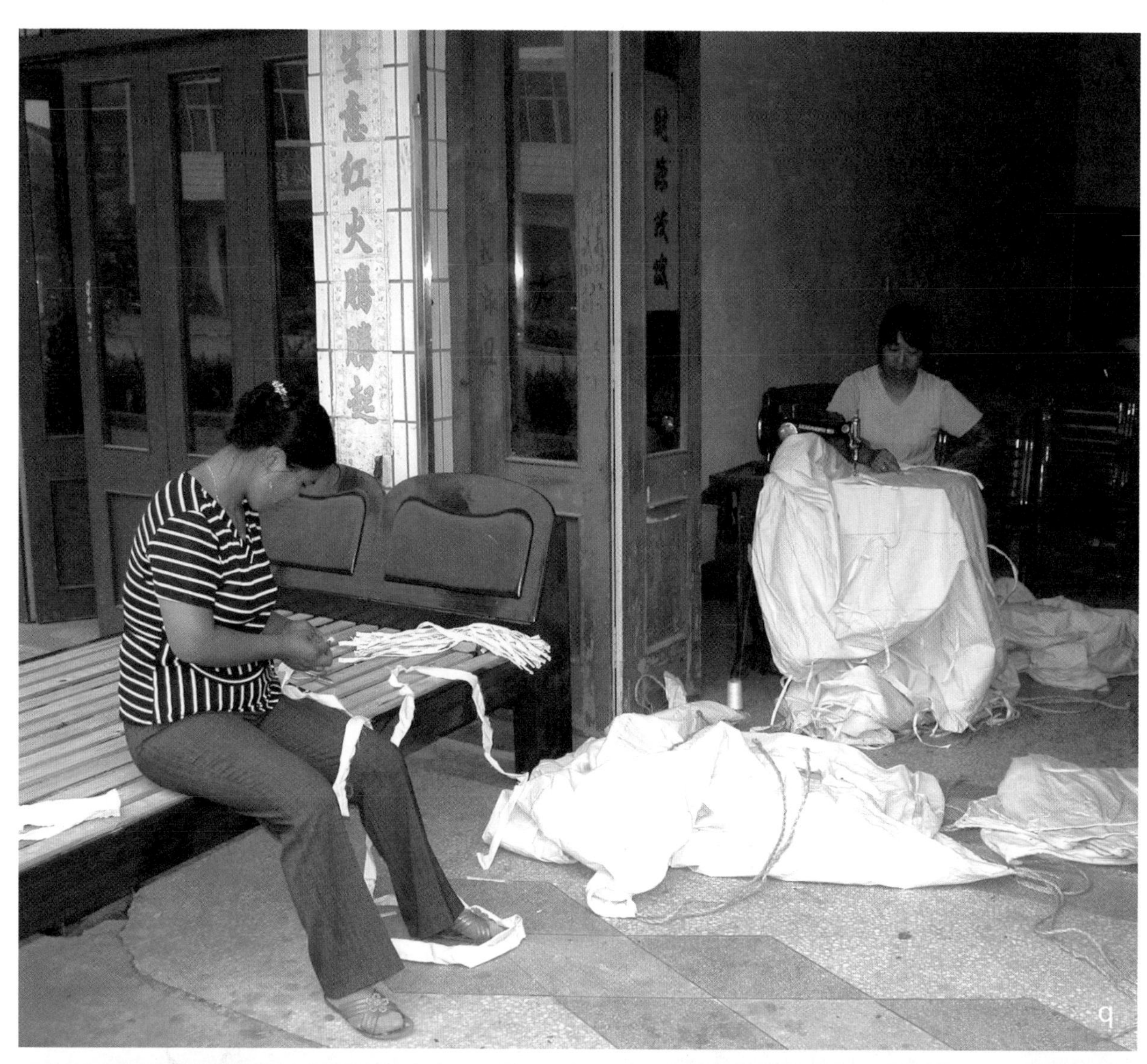
生意红火騰騰起
q

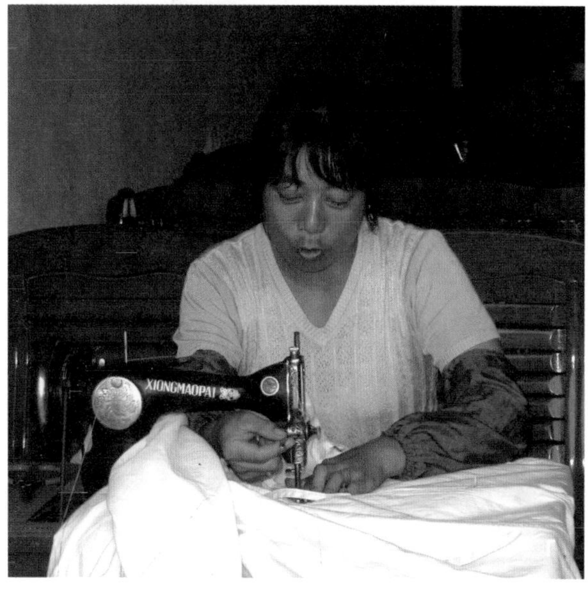
XIONGMAOPAI

XIONGMAOPAI
s

图3-63　大风车各部件加工的部分场景

第四部分　组装和测试

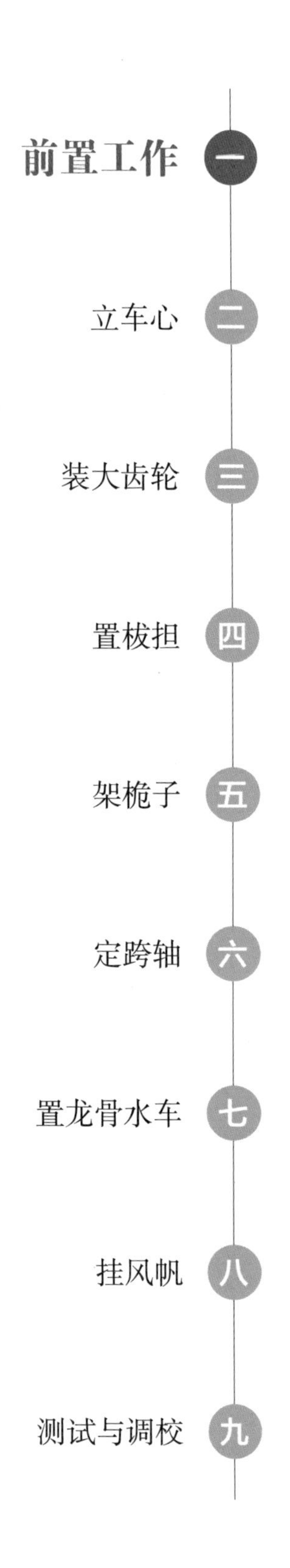

此次复原待做好了大风车和龙骨水车的部件的制备工作，便进入组装和测试的环节。这一环节又由前置工作、立车心、装大齿轮、置枝担、架桅子等九步组成。

一、前置工作

组装和测试环节的前置工作包括选址、整地、搬运、丈量、定位、祭祀、定石椿等。

（一）选址与整地

风力翻车的安装地点必须考虑周边环境的限制，如河川与田地的相关位置、河川的流向及空间的大小。在船只往返频繁的河道，为不阻碍船只的通行，在河道外另建与河道相连的水池，以安置风力翻车。故本次选址的原则有：①凸显江苏当地河道与田地交错、田地水平面皆高于河道的地理特征，故需要将水从河道中引上田地；②选择的地形须邻近河道且平坦宽阔，足以容纳此高8 m、直径13 m的立轴式风力龙骨水车。

最后选定地点是距海河镇大权木业厂（大风车加工制作地点）约300 m处的灌溉渠道旁的农田空地（图4-1）。确定地点后，即进行地面的清理、整平，并填补地面的坑洞。

图4-1　选址

（二）搬运

将所有的零组件陆续搬运至组装基地的空地。第一批搬运的工件是前面步骤所需的零组件，有石桩、车心、车心石、将军帽、大缆、大柱、大齿盘、桅子等（图4-2）。后随着组装的进程，将陆续搬运来其他的工件。

a

b

图4-2　搬运过程

（三）丈量与定位

本步骤是要量测找出车心石的安置地点，再由车心石的位置，决定四大柱和四石桩的方位与位置，并拉开4条大缆（图4-3）。其中，找出车心石的安置地点，需要考虑3个因素：①龙骨水车的大小与安放的方位［即河岸边的地理条件、龙骨水车的长度、摆置方位，而龙骨水车的长度是根据使用地点的地理条件，即河水的水面（注意干旱期）与田地的高度落差与距离］；②跨轴的长短与安放的方位；③风车之大柱的位置与大齿轮的大小。

由龙骨水车放置于河道岸旁的预定位置，来确定跨轴的方位与车心石位置。亦即由龙骨水车上端点的水拨位置，在其垂直方向（得其跨轴的方位）测量出从水拨到旱拨的距离，再加上大齿轮半径的延伸距离，便可找出车心石的安置位置。其中，陈亚老师傅是以“野度以步”方式进行初步的距离度量。

再以车心石为中心，由陈亚老师傅决定4个石桩的方位后，将4条大缆的大钩端钩在公转上，另一端往其4个方向拉开。其与半径为6.5 m的圆周相交处，则得到4根大柱的位置，再以每一大柱位置的径向往外延伸的直线距离量出20 m处，即为安置石桩的位置。

a

图4-3 丈量与定位

（四）祭祀

因大风车的制作工艺是承袭自中国帆船的工艺技术，故其开工仪式同早期造船时的交船仪式相似。祭祀的目的在于祈求组装过程一切顺利，风车运转平顺。

1.采购祭品

组装开工当天，工头陈巨一早便前往市场，购买预订好的猪头、猪尾及两只前脚，又到杂货店买了几束香和一些大小连珠鞭炮（图4-4）。

图4-4　采购祭品

2.开工祭祀

选定吉时，在车心石预定处举行，牲礼放置于车心石前方，由陈亚老师傅和张柏春教授主祭、动土（图4-5）。所有工作人员亦一同祭拜，并燃放鞭炮，祈求组装过程一切顺利，风车运转平顺。

图4-5　开工祭祀

（五）定石桩

定石桩是前置工作的确认和正式组装的开始。

1. 立石桩

以车心石为中心，4条大缆（图4-6）为半径，大缆的一端挂在公转上并往4个方向拉开，在半径为26.5 m的圆周上，考虑地形，均分四等处挖掘地洞，埋立石桩（图4-7）。

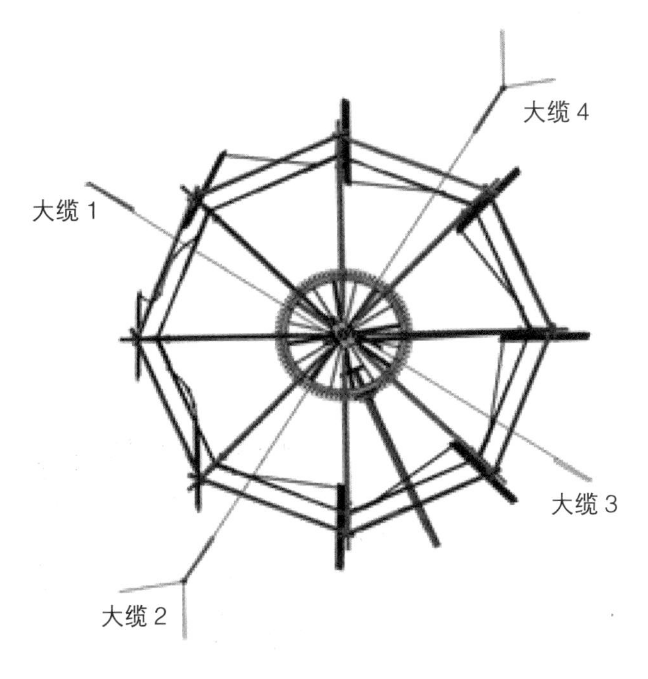

图4-6　大风车的上视图

图4-7　立石桩

2. 系大缆

4条大缆尾端分别拉到4个石桩处，除车心对准的石桩处的大缆（对应图4-6的大缆4）外，其余3条大缆（大缆1、2、3）的尾端皆需系好在石桩上。石桩上的4个角会预先用凿刀敲出一V字形刻槽以利于大缆固定（图4-8），且保持大缆长度相等（大约86 cm）。

本次组装，其大缆3是系在河渠对岸的树干上的（图4-9），故其石桩实际上并没有使用。

图4-8　系大缆于石桩

图4-9　系大缆3于树干

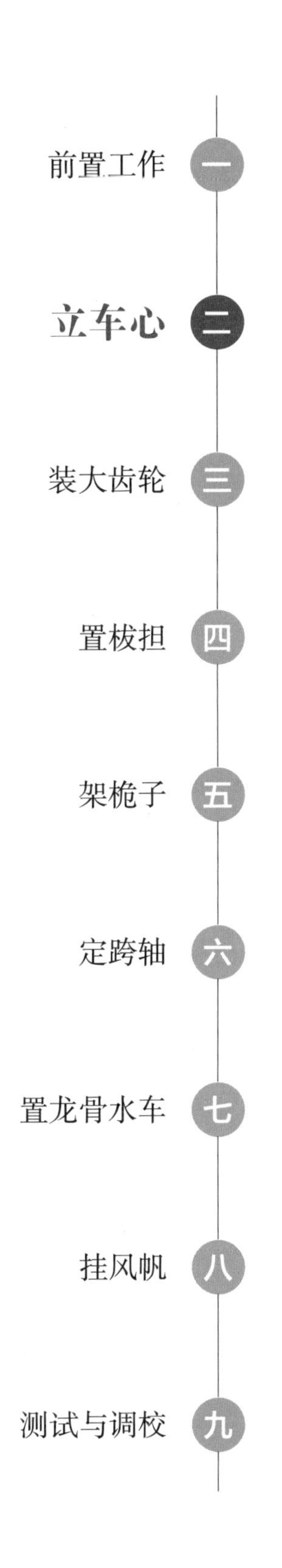

二、立车心

立车心工作包括准备工作、立起车心、立起大柱、调校车心的垂直度、重立车心。

车心（含其套件）高8 m，重约130 kg，如何把车心立起来是一门技术活儿。此次陈亚老师傅尝试了两种方法，第一种方法并没成功，故我们在立车心步骤以第二种方法进行说明。立车心的过程是相当危险的，如果人员协调不当、稍有失误都会造成倒塌的危险。第二种方法虽然是成功立起车心，但因大缆锻造接合无法承受拉力，因此断裂而倒塌，幸而没有造成人员受伤。

立车心的过程主要分4个阶段：

①准备工作，包括摆置车心、挂钩大缆；

②立起车心，包括架起支架、立起车心等；

③立大柱，包含立起大柱、调正大柱；

④调校车心垂直度，包含调整大柱的位置、车心石的位置、大缆的长度和紧度。

（一）准备工作

1.摆置车心

车心头端置至于车心石前，并对准大缆2与4的角平分线，或对准方法2的对准石桩4的方向（图4-10）。

图4-10　摆置车心

2. 挂钩大缆

将4条大缆大钩端分别钩挂在将军帽铁件的4大缆孔内，并在天缆上绑一旗子，作为风向旗的功能（图4-11）。但第一次绑风向旗绑在天轴上，这个错误在稍后的步骤将修正改绑在天缆上，否则风向旗会随着车心的旋转而卷在一起。

图4-11　挂钩大缆及绑风向旗

（二）立起车心

第一种方法的尝试

1. 架起支架

① 架支架。分别以2根桅子顶端的铁桅榫插在大缆1和大缆4的铁环处内（图4-12）。亦即在车心前两侧形成支架，并在两桅子底端分别挖凿一土坑作为支点。

② 扶起支架。数人将支架立起，其2根桅子分别由一人扶起立在车心两侧。

2. 立起车心

数人顶起车心尾端，同时两侧支架分别有一人用力撑起，并以数人用力拉大缆4，然而并没有成功立起车心（图4-13）。故利用支撑架将车心尾端撑更高，并再增加人力，尤其是从大缆1和大缆4的方向施力，但仍然没有成功，故改用他法。

图4-12　架支架

图4-13　立车心

第二种方法的尝试

1.架起支架

①系拉绳。在车心的金刚镯上系一拉绳（绳索），拉绳是用来拉起车心站立，但拉绳无法直接拉起8 m长的车心，须用两个措施来辅助：一是改变施力方向，使拉绳施力向上；一是将车心尾端抬起并增加推力。

②架支架。架支架是用来改变拉绳的施力方向。将2根桅子分别移到在车心两侧，再将2根桅子顶端的铁桅榫交叉地插在大缆4铁环处内。交叉作成Λ字形支架，使其顶端置于车心上（约在羊角下方），并将拉绳跨过其顶端。

③扶起支架。数人将支架立起，其2根桅子分别由一人扶起立在车心两侧，交叉作Λ字形（稍倾向车心，图4-14）。

④调整支架支点。陈亚老师傅拿着铲子，审视着支架立姿，不断地凿土做支点，一直调整到适当的位置。

适当的支架位置包括支架两桅子支点的距离（决定支架的高度），以及与车心支点的距离（在立车心的过程中，使车心不会往一边倾斜），最后其两支点定在车心底端支点的稍上方，三点约成一等腰三角形。

图4-14　架起支架

2. 立起车心

①撑高车心尾。数人扶起车心尾端，并用木棍撑着。此时2根桅子各有人扶着，数人拉着拉绳（图4–15）。

②挖出车心支点。陈亚老师傅用铲子挖出车心底端的支撑点（用铲子挖出一个坑，并将车心底端移入）。

③立起车心。数人用力拉拉绳，同时数人顶起车心尾端。直到车心竖立起。此时要注意车心倾斜的方向，可以拉大缆来平衡之。

随着车心立起，扛扶桅子的人可视桅子的稳定情况，依次前往协助抬起车心或至拉绳处拉绳。同时，陈亚老师傅根据车心倾斜方向，移位去拉住大缆，协助车心平稳地站立起来。

车心立起速度是很快的，耗时约25秒。车心站立之初，还要三人扶住车心，拉绳也要保持施力状态，以控制车心保持站立而不会倾倒，甚至可利用拉紧大缆来保持车心的稳定（图4–16）。

图4–15　立起车心

图4-16　立起的车心

④卸支架，系大缆4。车心站立后，从大缆4上卸下两根桅子，将大缆4系在石桩上，并调整各个大缆绳松紧度（图4-17）。

图4-17　卸支架与系大缆

（三）立起大柱

1. 立起4根大柱

工匠师傅等依序将4根大柱分别套在4条大缆的铁环内，再依序立起，并调整大柱位置（图4-18）。

2. 调正大柱

在大柱撑起大缆绳过程中，大柱底端要与车心和对应的石桩成一条直线。

图4-18　立起大柱

（四）调校车心的垂直度

1. 调整大缆长度与松紧度

大致调整车心和大柱的位置后，工匠师傅们便要对称地分别重新调整系在石桩的4条大缆的长度，使大缆的松紧度适当且相当（图4-19）。

图4-19　调整大缆长度与松紧度

2. 再调整大柱位置

工匠师傅们调整大缆长度及松紧度后，再度调整两两对称的大柱位置（图4-20），以增加各大缆的紧度，使将军帽保持水平。

图4-20　调整大柱位置

3. 接环裂开而倒塌

然因为这个过程有一大缆的接环裂开致使车心倒塌，究其原因是组装时并没将接环折处即时调整好致使不当受力而裂开（图4-21），后因时间关系，无法修复，改换成钢缆。

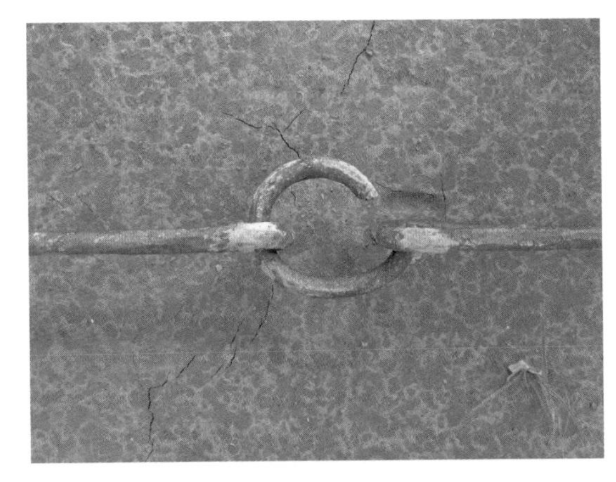

图4-21　裂开的接环

（五）重立车心

1. 准备工作

因大缆接环裂开，陈亚老师傅决定改用钢缆，故当天的组装工作便暂停，改去采购钢缆和铁环。隔天立车心的工作则重新开始，其前置工作有组配大缆、系大缆于石桩、削修大柱顶端以配大缆的铁环、摆置车心及挂钩大缆于将军帽（图4-22）。

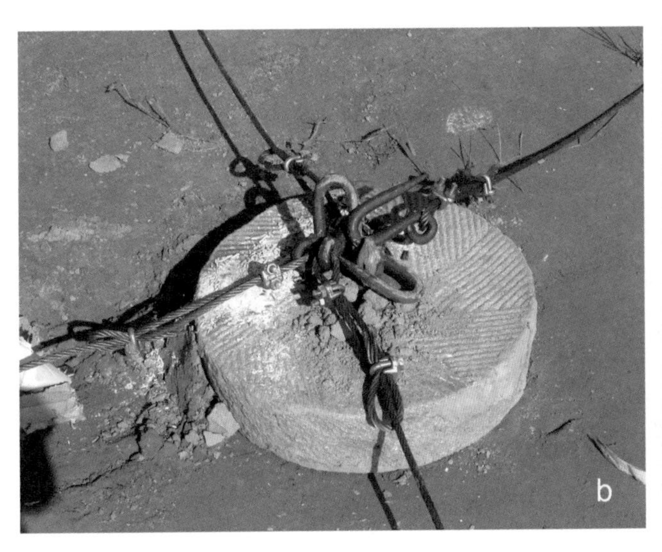

图4-22　重立车心的准备工作

2. 立起车心

（1）架起支架

架立支架的工法同前文所述，包括架支架、扶起支架（图4-23）。

图4-23　架起支架

（2）立起车心

立车心的工法同前（图4-24），包括撑高车心尾、找出车心支点、立起车心、卸支架及系大缆4等。

图4-24　立起车心

3. 立起大柱

立大柱的工法同前文所述，依序立起4根大柱，并调整大柱位置（图4-25）。

图4-25　立起大柱

4. 调校车心的垂直度

调校的工作包括调整大柱的位置、车心石的位置，以及大缆的长度和紧度。这个步骤很费时，由粗到细，逐步调整，直到车心旋转顺畅为止，其调整的重点有二：①根据将军帽的位置，调整车心石位置以达到车心石的公转和将军帽轴承中心同在一铅垂线上，使得车心可以垂直地站立，则车心旋转阻力最小；②调整大缆的长度和大柱位置，以使4条大缆施于将军帽的松紧度适当且相当。

（1）调整车心石位置

当立起大柱后，便可找到车心石的新位置，但要注意地面要先整平，再放好车心石，然后将车心搬到车心石上。

车心非常的重，工作人员可利用绳索穿过车心的通穿孔，绳索两端分别以木棍穿过，以4～6位师傅扛起车心，根据将军帽的位置，移动车心使其垂直地面，再移动车心石到车心下方的位置，缓缓放下使公转和母转接合（图4–26）。

图4–26　调整车心石位置

（2）量化地调整大柱位置

车心石位置调整后，工作人员调整对称于车心的两两大柱。

陈亚老师傅先目测两两对应的大柱是否与车心共面，否则须调整它们至共面。然后须再以“野度以步”方式，进而用卷尺量测4根大柱与车心石的距离是否和预定距离一致（图4–27），否则要进行调整。

以车心石为中心，量测它与4根大柱的距离是否为6.5 m。若否，则在距车心石6.5 m处画下记号，并调整大柱位置至记号处。陈亚老师傅续以卷尺当铅锤使用，量测车心石的垂直度，作为微调的依据。

图4-27　调整大柱位置

（3）二度调整大缆长度与松紧度

工作人员大致调整车心和大柱的位置后，便要调整4条大缆的长度，使大缆的松紧度适当且相当。其工序如下。

①调整大缆的长度。首先以紧度较松的大缆1来进行松紧度的调整。进行松紧度的调整时，需在其施力方向，以拉绳拉紧后便进行松紧度的调整（图4-28）。此时，大缆亦须由数人来拉紧。

图4-28　调整大缆长度与松紧度

②调整顺序。以施力方向相反成对调整，如大缆1和大缆3成对，大缆2和大缆4成对，即大缆1调整好，便要调整大缆3，再则调整大缆2和大缆4（图4-29）。

图4-29 微调大缆

（4）三度调整大柱位置

工作人员会根据下列检视的结果，对大柱位置进行微调（图4-30）。其工序如下。

① 微调大柱。要检视将军帽的水平度，即4条大缆绳要拉紧将军帽。以绳索环绕过大柱底部，施力于绳索两端，进行微调。

② 大柱不可左右倾斜，即大柱与车心须共面。利用车心的垂直度，来量测大柱是否有向左右倾斜。陈亚老师傅目视大柱是否倾斜。

图4-30　调整大柱位置

（5）再度微调车心石位置

工作人员根据调整大缆松紧度后的将军帽位置，微调车心石的位置，使车心旋转顺畅。其工序如下。

① 微调车心石。以绳索绕过车心石轮缘，以绳索两端施力，并以铲子橇推来微调（图4-31）。陈亚老师傅从各个角度审视车心的铅直度，作为调整的依据。

图4-31　微调车心石位置

②测试运转。以通穿穿过车心的通穿孔成一推杆，推动推杆旋转车心，检查车心旋转是否顺畅，是否有噪音。否则，继续微调大柱和车心石位置，甚至调整大缆的长度，直至车心石公转和将军帽轴承中心同在一铅垂线上。此时，车心可以垂直地站立，旋转阻力最小（图4-32）。

图4-32　测试运转

（6）打木桩固定石桩位置

当车心旋转顺畅后，整个立车心的工作顺利完成。然后，工作人员可再利用木桩来固定石桩，使石桩不会位移（图4-33）。造成石桩位移的原因是泥土的硬度和紧度，以及大缆的拉力和紧度。故石桩在安置时须有一倾斜度，防止它受到大缆的拉力而发生位移，若再加上木桩的固定则石桩乃至车心等更稳固。

图4-33　固定石桩位置

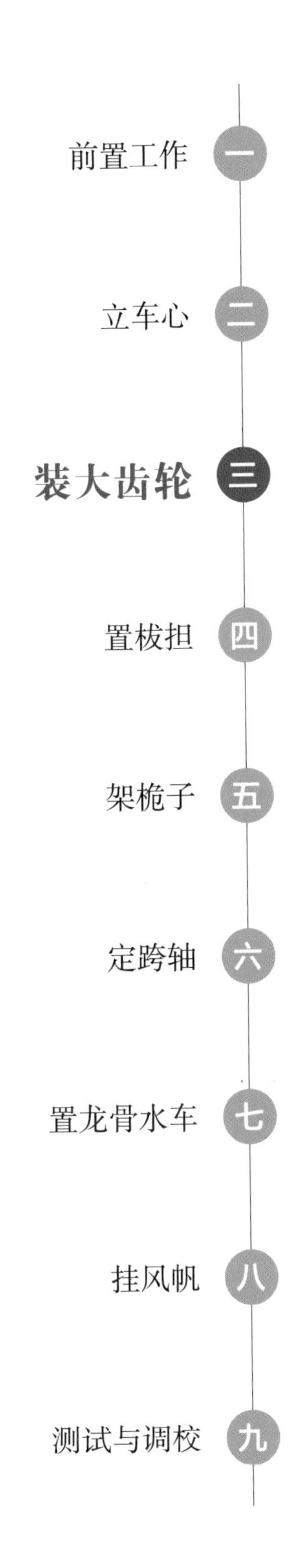

前置工作
一
立车心
二
装大齿轮
三
置桩担
四
架桅子
五
定跨轴
六
置龙骨水车
七
挂风帆
八
测试与调校
九

三、装大齿轮

装大齿轮的工作包括试装大齿轮、组装通支穿、搬装大齿轮、架上大齿轮、上挂、修齐齿轮。

（一）试装大齿轮

试装大齿轮的目的是调校出它的真圆度，并量出大齿轮轮径的尺寸，并在其各穿孔位置画出轮径圆弧和标记编号。

由于加工完的大齿轮零组件，久放之后容易变形的木材特性，在正式安装大齿轮前，工匠师傅需先在车心外试装，才能较正确地得到大齿轮轮径的尺寸，以提供该尺寸作为组装通支穿步骤的重要数据。

试装大齿轮由陈亚老师傅亲自带领，因为这部分技术窍门比较多。同时，由另一组人进行通支穿于车心上的组装。

1. 对左右车辋定位

工匠师傅先将左右车辋（这在加工制造阶段组合完成后，便已拆成左右车辋）搬至车心旁的平整空地，进行试装大齿轮（图4-34）。

图4-34　车辋定位

2. 将左右车辋接合

工匠师傅将左右车辋两端的衔接处接合，以斧头将榫（两端各4个）一一打入榫孔。由于此时的车辋真圆度不够（此时为近似椭圆形状），且还无法全部将榫一一打入接合好，必须进行真圆度的调整（图4-35）。

图4-35　车辋接合

3. 对车辋进行真圆度的调整

（1）利用直径标尺——杉木取真圆

工匠师傅利用卷尺度量大齿轮4个衔接处的直径（内径），以了解它们与正确直径的差距（图4-36）。用一长度为大齿轮内径的杉木（这段杉木是在加工制造阶段组合时用的，主要是用来确认大齿盘的真圆度）顶住左右车辋中间的接合处（注意要通过圆心），以把椭圆车辋撑开成圆。又因试装时车辋形状为近似椭圆，而杉木放不进此时椭圆车辋的窄边两端，故要以另一木杆撑开，直到杉木能放入顶住内径两端。

图4-36　车辋取圆

（2）撑开成圆

撑开成圆是用一略短于此时椭圆车辋窄边两端长度的木杆，以楔木方式渐进地撑开椭圆车辋窄边两端，直至杉木可以放入并顶住两端。同时，在接近成圆时，以斧头试敲榫能否一一进入榫孔。若不能，需调整至榫能一一进入榫孔为止（图4-37）。

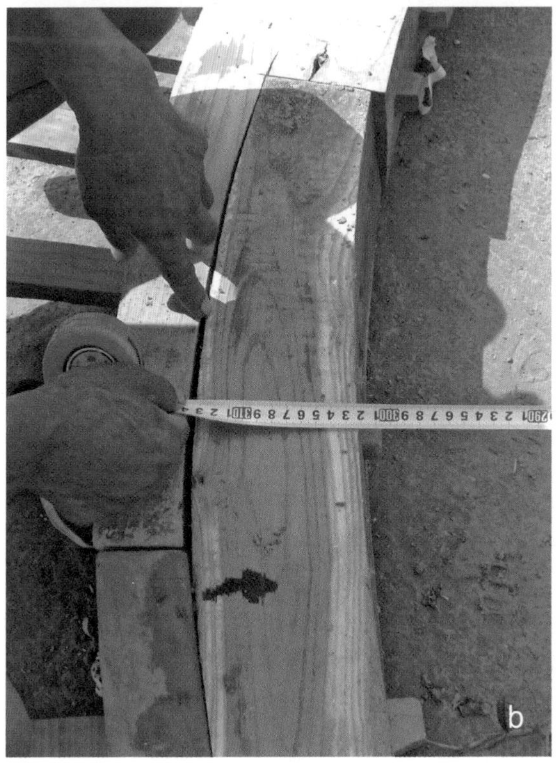

图4-37 撑开成圆

4. 测量出大齿轮轮径的尺寸

（1）定圆心

工匠师傅利用墨斗连点画线，即在两条（垂直）直径的两端连点画线，在杉木（在直径在线）上定出圆心。再以卷尺度量轮径，判断圆心位置是否精确。否则便是因连点画线非直径位置，应参考结果，重新定出圆心（图4-38）。再以竹尺度量榫间距，并比较接合处的榫间距和其他榫间距是否相同，真圆度是否精确。

图4-38　定圆心

（2）安装车辋径向标尺

工匠师傅将车辋径向标尺（此是在加工制造阶段组合时用的）定轴端钉在圆心上，利用车辋径向标尺（图4-39）上的刻画和记号（定铁钉处）检验是否与先前制作组合时所画的线重合（事实上，只要在合理的公差范围内即可）。否则表示此定点非圆心，要再行调整。

a

b

c

图4-39　安装车辋径向标尺

（3）画出各穿孔位置处的轮径圆弧并标记编号

当车辋径向标尺旋转点（圆心）找到后，工匠师傅会利用车辋径向标尺上的刻画和记号（定铁钉处），在大齿轮的各个穿孔位置以墨笔画出圆弧线。并可测量出车辋圆弧半径的尺寸（1534 mm，在大齿轮上刻画的基圆直径是3077 mm）。最后，在车辋各穿孔位置的圆弧线处，记下1～8的标号（图4-40）。

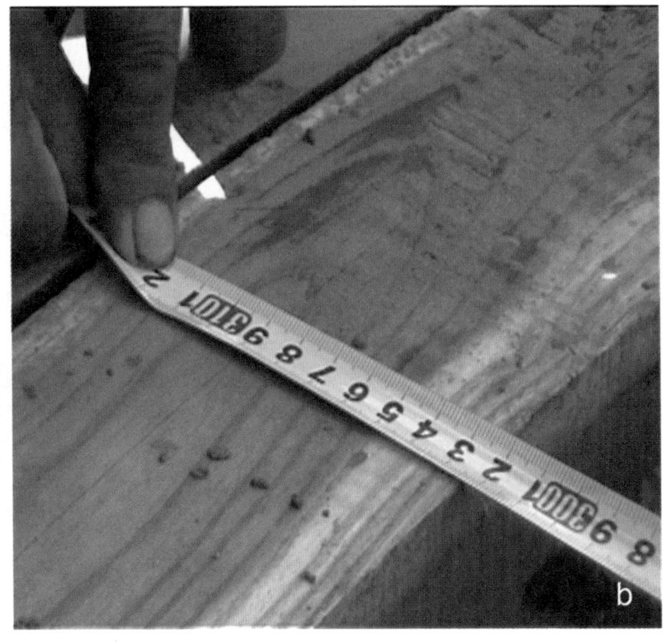

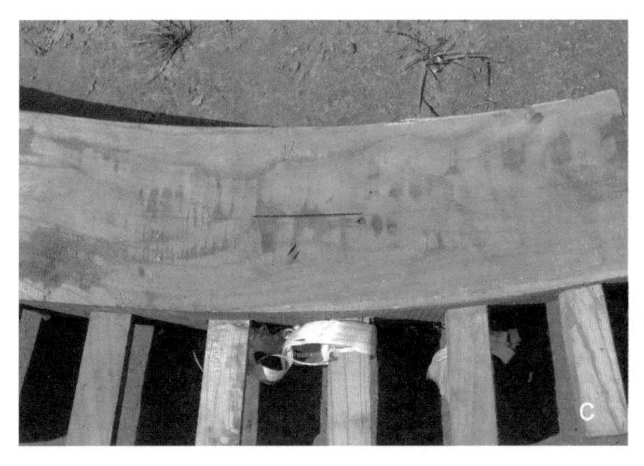

图4-40　画轮径圆弧与标记编号

（二）组装通支穿

通支穿是大齿轮的轮辐，由2根通穿和4根支穿组成，形成具有8根轮辐的大齿轮。通支穿组装在车心的穿孔上，故其穿孔的位置决定大齿轮的高度。

1.组装通穿

通穿的形状是扁长形，一边为弧形，一边为直线形。它有2根，分别为上通穿与下通穿。通穿组装的程序是先装配上通穿，再装配下通穿，并利用这两根通穿来夹紧撬盘。

（1）试装上通穿

首先，工匠师傅将上通穿的粗坯以直线边向下，穿入车心的上通穿孔（图4-41）。上通穿的外端面放一较硬的木块（防止外端面被敲坏），工匠师傅以斧头（利用斧背面平面处当铁锤使用）轻敲木块，观察上通穿与其孔干涉的部位和大小，并作记号，再以中刨刀修整之，反复进行上述步骤，直至上通穿中央接合处与车心以紧配合方式接合。通穿与车心的接合必须是紧配合（干涉配合），故在通穿刨削时，需注意这点，切勿刨削过之。

图4-41　试装上通穿

（2）试装下通穿

试装下通穿的工法同上通穿，但其直线边须向上，因上下通穿间要夹一攁盘。

（3）安装攁盘

在下通穿安装最后一步之前，工匠师傅须先安装攁盘。在安装攁盘前须先将下通穿插过通穿孔，4个师傅各施力于通穿的四边，抬起车心，一人迅速放入攁盘于车心石上让公转穿过其中（图4–42）。再将攁盘提起，以上下通穿来夹紧。此时须要注意攁盘摆放的位置要在中心位置（即攁盘的中心应与车心中心线重合，图4–43）。

图4–42　置入攁盘

图4–43　攁盘定位

（4）装配下通穿

因有攁盘，工匠师傅在安装下通穿时还要根据状况，再次刨削之，直至攁盘与车心通穿紧紧配合而接合（图4–44）。

图4–44　装配下通穿

2. 安装支穿

支穿为长条形，有4根，均布在通穿之间。其上端面与下通穿的上端面处于同一水平面，同在撬盘下方（图4-45）。

首先，工匠师傅将一支穿插入车心的支穿孔，以斧头轻敲支穿外端面，使其与车心以紧配合方式接合。其余3根支穿，以相同工法依序安装。

图4-45　安装支穿

3. 校正车心垂直度

（1）立标杆以量测

首先，在距车心约为大齿轮半径长的距离处，工匠师傅以斧头轻敲直立一木棍，作为量测的基准（图4-46）。若各通支穿长度相同，则可量测出车心是否垂直地面。若否，则必须反复采用上述标杆测量、目测的方式，来调整车心石和大柱的位置，直至车心垂直于地面（即调整至车心石和将军帽的轴心线重合）。

图4-46　立标测量

（2）微调车心石的位置

因车心未完全垂直地面，故工匠师傅根据将军帽位置，以绳索绕过车心石轮缘以使绳索两端施力，并以铲子橇推车心石来进行调整，调整至车心石和将军帽的轴心线重合（图4-47）。

图4-47　微调车心石

（3）微调大柱的位置

当车心位置调整过后，大柱位置须重新调整，而且大缆也须重新拉紧（图4-48）。工匠师傅根据每一大缆拉紧度，以绳索环绕过大柱底部，由绳索两端施力，进行各大柱位置的调整。若人力足够，也可直接搬移大柱来调整，但要注意大柱不可左右倾斜。在调整过程中，陈亚老师傅要目测车心是否垂直地面、大柱是否倾斜，以及每一大缆拉紧度是否适当。

图4-48　微调大柱

4. 量测与标记出各穿的外端裁锯位置

完成车心垂直度的校正后，工匠师傅会根据大齿轮所需各穿的长度，测量并画出各穿的外端裁锯位置（图4-49），作为之后的裁锯的参考。

工法一：以卷尺（皮尺）测量完成试装大齿轮圆心处至每一穿孔底的距离（1534 mm）；再根据所得的尺寸（1534 mm）减去车心在通穿处的半径之尺寸（120 mm），由通穿底端量至外端1414 mm处，以铅笔画线做记（A1[注]）；再以A1为起点，量至通穿另一外端在3077 mm处画线做记（A5）。因此法误差大，工匠师傅后即改以工法二方式重测。

图4-49　量测与标记外端裁锯位置（工法一）

注：为方便本步骤说明，将陈亚老师傅所标记的符号，以 Ai（i=1、2、3……8）来取代，之后的 Bi、Ci，G 亦然。

工法二：重立标杆（图4-50）。首先，工匠师傅在距车心约大于1534 mm处（1534 mm是所量出各穿所需的长度），如1600 mm处，直立一木标杆（以斧头轻敲），作为量测的基准。

再以竹尺量距标杆66 mm之穿的外端处，并画下标记（A1，距车心中心约1534 mm处）。

同上方法，工匠师傅一一找出各支通穿的外端点Ai位置。亦即以标杆内侧G（1600 mm）为基准点，用竹尺找出每一穿距离G点66 mm处，并画线做记，即可一一找出各支通穿的外端点（A2–A8）。

再确认，测量各穿的长度对应大齿轮基圆直径（如A1至A5的距离是否相同为3077 mm）。

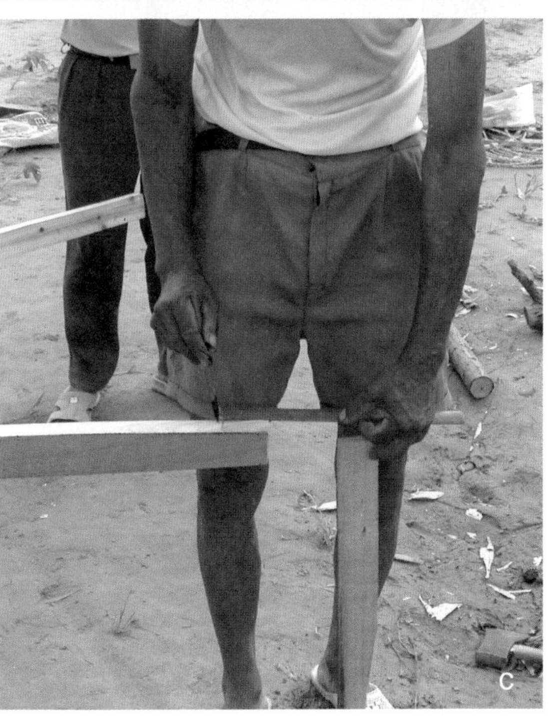

图4-50　量测与标记外端裁锯位置（工法二）

（三）搬装大齿轮

工匠师傅搬装大齿轮使其各穿孔对应相接合的穿，并量测且裁锯出对应各穿的尺度。搬装大齿轮的程序如下。

1. 拆大齿轮

试装大齿轮得到大齿轮轮径的尺寸，并在其各穿孔位置画出轮径圆弧和标记编号之后，便将之前打入的榫一一退出，拆成原来的左右车辋（图4-51），并搬移至车心处进行大齿轮的安装。

图4-51　拆大齿轮

2.加固左右车辋

工匠师傅将左右车辋并接起来，并在打入榫固定前，先以锔钉分别在左、右车辋的大辋间接合处加强牢固。

桑木质硬，工匠师傅须先以锔钉在适当位置做记，再以电钻钻孔，后以斧头轻敲固定（图4–52）。

图4–52　加固车辋

3. 量测与裁锯出所需的各穿尺度

（1）找出各穿B位置并记下对应大齿轮穿孔的编号

工匠师傅以之前在各穿外端所标记的A为基准，再根据各穿欲接合之大齿轮穿孔位置，量出从其1534 mm处至内径的厚度尺寸得到d mm（54 mm），便可在各穿A处往内量d mm（54 mm）得B位置（1480 mm处，图4–53）。其实B位置是实测得来的，因木材的形状会变形，内径也非真圆。

图4–53 找出B位置并标记穿孔编号

（2）找出C位置并画线且做记号

在AB两线间的中线画线做记号得到C的位置（1507 mm处），画出两条斜线表示要裁锯之意（图4–54），亦即C真正裁锯的位置（因穿与穿孔接合长度，裁锯的位置只要是深度的一半就行了）。其他工序同上。

图4–54 找出C位置并做记号

（3）裁锯

工匠师傅先就各穿C位置的画线，用木框锯锯断。在裁锯前，先以标杆逐一检验与确认其尺寸和位置的正确否。确认后便进行裁锯，再以标杆检验和调整各穿的长度和水平（图4-55）。

图4-55　裁锯各穿

（4）裁锯出L形

工匠师傅在各穿外端上画出L形。其中，垂线是过B位置的铅直线，水平线之下半部分的厚度与各穿孔的高度相同或略小（水平线是木工师傅以量测齿盘上之对应穿孔尺寸决定）。工匠师傅再以木框锯裁锯出L形，最后以斧头倒角和整修（图4-56）。

图4-56 裁锯出L形

4.接合左右轮辋的一端

陈亚老师傅在调校各穿的长度和水平后，开始接合大齿轮，先将左右车辋的一端连接。

工法：在这一端接合过程（图4-57）中，工匠师傅用木块垫起车辋以便离地，进而让左右车辋的榫孔导引对接起来，随后以斧头将榫依原先次序一一打入榫孔，并在突出大齿轮内侧的榫端处，用电钻钻孔，便可钉上木削以使固定榫不松落（因在将大齿轮与各穿接合过程中，会有外扩的力量或拉扯的外力）。

图4-57　接合轮辋的一端

（四）架上大齿轮

工匠师傅架上大齿轮使穿与其穿孔相对应，并以跨披在羊角上的麻绳绑吊大齿轮使它保持水平，以便进行其他各通支穿与其对应穿孔的接合。该接合过程是先外扩，再内缩，后调校。

1.架高大齿轮

工匠师傅先将2～4条麻绳披挂在羊角上（稍后利用2条麻绳的4个端点吊起大齿轮），然后众人将大齿轮抬起来，利用长椅凳顶住（图4-58）。长椅凳的高度是使大齿轮的高度略低于各穿，否则会和各穿产生干涉。接着，调整车心的方位，使各穿对应到相同标号的穿孔（先前各穿末端和大齿轮的穿孔上都有标记号码）。

图4-58　架高大齿轮

2.外扩

工匠师傅首先要将大齿轮往外扩（左右齿轮有一端未接合），并调整高度（以木块叠加在长椅凳上，并用麻绳绑吊起来），使穿可以插入穿孔。当穿无法插入穿孔的时候，工匠师傅需要用下列工法使大齿轮再外扩，直到穿可以插入穿孔为止。

用一木杆，一端在车心，位置较高；一端在穿孔旁，位置较低，构成一斜度之楔形。两端与接触部分间都有一木块当介面，以保护接触面。

以斧头敲击在车心这端的木块，使大齿轮渐渐外扩，直到穿可以插入穿孔为止（图4–59）。在敲击过程中，应注意其他位置的接合状况。有的位置本来也不能接合，但外扩的过程可使其插入穿孔。所以在选择外扩的敲击位置时是需综合考量。完成后，再拆除这木杆。

图4–59　外扩大齿轮

3. 内缩

内缩是将左右车辋未接合端的外扩处拉拢接合。当大齿轮外扩后的内径尺寸大于各穿的长度时，内缩可使各穿都能够插入其穿孔。工匠师傅将左右车辋之未接合端的榫，一一打入即完成大齿轮的组装。内缩的工序如下。

（1）稳固大齿轮

工匠师傅除在长椅凳上叠加木块来调整大齿轮的高度与水平之外，同时，辅以木棍和麻绳（以披挂在羊角上的麻绳两端系绑在榫上）来增加其稳固，以利随着各穿与穿孔的接合状况进行调整，并用斧头轻敲调整使穿可以插入穿孔（图4-60）。

图4-60　稳固大齿轮

（2）接合车辋的未接合端

工匠师傅用一根绳索绕系在未接合端两侧的齿榫（相距约16齿榫效果较好），利用一根木棒以绳索为支点，一端压在左（或右）车辋外端，另一端为施力端使力，同时在其他位置敲击（特别是在穿孔的位置，并注意穿的接合状况），使原椭圆形趋向圆形，渐渐拉拢到未接合端的榫可接合。再继续拉拢，直到每一榫都打入完成大齿轮的接合和其穿孔与穿的接合（图4-61）。

图4-61　接合大齿轮

4. 调校

工匠师傅在完成大齿轮和穿的接合之后，便开始进行大齿轮之高度与水平的调校。他们以卷尺量测大齿轮的直径（可以测量之前用墨笔画线的位置，其值为3077 mm），检测其真圆度。检查并系好麻绳后，撤掉长椅凳与木棍。

重竖定木棒为标杆，木棒越接近棰越好，但要保证不碰到棰，然后利用木棒标杆在大齿轮外缘进行调校大齿轮的真圆度、高度和水平。根据标杆的基准，调整麻绳的长度，以调整大齿轮的高度和水平度，直到大齿轮的高度和水平度符合需求的精度（图4-62）。

图4-62　调校大齿轮

（五）上挂

当大齿轮的高度和水平校正好之后，工匠师傅便开始依序上挂（最好是对边同一根羊角者先后上挂）。挂的上端是挂在羊角上，下端是与挂棰结合。挂之上下端的挂孔位置都需当场预合、测绘，并加工出合适的挂孔大小，再一一地组装上去。最后，工匠师傅还要再调校大齿轮的水平高度。

1.准备

工匠师傅在每一挂棰下的大齿轮下方角边需削修出可让挂切合的形状，以避免干涉，否则挂与挂棰不能完全接合。

2.基准

工匠师傅利用前述步骤校正大齿轮水平高度的标杆，作为上挂过程之挂棰高度的水平度。因而之后每一挂都在竖立标杆的位置进行组装，以便随时检视其水平高度。

3.预合与测绘

工匠师傅先取一挂置于结合位置。亦即挂的上端是置于羊角旁，下端靠着挂棰。挂在预合过程中，如有需要削修时则实时加工修改，再以墨笔沾墨汁画出上下孔的位置和斜度（图4-63）。

a

b

图4-63　预合与测绘

4. 凿孔

工匠师傅分别根据羊角和挂棰形状，依照挂上的墨线描绘出凿孔的形状，再以平凿凿出相对应的挂孔（图4-64）。

图4-64　凿孔

5.核对并上挂

挂榧须先退出（以斧头轻敲，敲击位置最好垫一木块，不要突出车辋内缘即可），便取凿好挂孔的挂，先将上挂孔插入羊角，核对其大小和斜度是否适合，否则需再凿修到合适，再将下挂孔与挂榧结合（图4-65）。要用斧头轻敲挂榧，并注意接合的状况，不合就要凿修到好为止。

图4-65　核对与上挂

6.校正

每一挂在上挂之后都必须以标杆来校正其位置的水平高度。若其水平高度太高，可将上挂孔的凿孔高度提高或在挂孔下缘垫一木块（图4-66）；若高出度数不大，只要将上挂孔与羊角接合位置向外微调即可。若其水平高度太低，可将上挂孔上缘垫一适当的木块（挂孔若不够大，则要凿修孔位），则大齿轮的水平高度就随之提高。若调整下挂孔，大致也是如此调整。

图4-66　校正

7. 固定

待水平度校正好之后，工匠师傅先将挂孔以适当的木块填塞，增加挂的稳定性，然后便以铁钉固定挂的位置。工匠师傅分别在挂孔与羊角和挂棰接合处以电钻钻孔，再以斧头轻敲铁钉固定之（图4-67）。

图4-67　固定

8. 逐一上挂

工匠师傅依照上述步骤和工法，逐一上挂至所有挂皆完成（图4-68）。

图4-68　上挂

9.裁锯

当所有的挂都组装完成后，工匠师傅便拆除麻绳，以木框锯将挂突出大齿轮下方的部分锯掉（图4-69）。在上最后两支挂时，年轻师傅负责上挂，而陈亚老师傅则进行裁锯的工作。

图4-69　裁锯

10.调校

陈亚老师傅以标杆检视大齿轮的水平高度，若有问题则回到“校正”的步骤，直至其水平高度都符合标准范围内为止（图4-70）。

图4-70　调校

（六）修齐榧齿

本工序工作包括测定出大于大齿轮的外径，修齐榧（轮齿）的长度，以及校正大齿轮的真圆度。最后工匠师傅修整榧的倒角，以便榧与小齿轮的啮合平顺。

1. 测定外径

工匠师傅再以前述步骤竖立的标杆为基准，检测每一榧的长短，并用墨笔画线定其外径。因榧的长短有别，第一次找出最短者，再以最短为参考尺寸，来决定大齿轮的外径（图 4-71）。

图4-71　测定外径

2. 测榧间距

工匠师傅根据每一榧齿外端的墨线位置，检测榧榧的间距，了解榧齿间距的误差情况。其实检测榧齿和榧间距的尺寸，工匠师傅会交错进行，以利确定尺寸的正确性（图 4-72）。

图4-72　测榧间距

3. 重竖标杆

根据量测榫齿和榫间距后，工匠师傅重立新标杆，使其更靠近榫齿外端，以作为榫齿外径、水平高度的基准。

4. 重定外径

工匠师傅以新标杆为基准，重新测定出每一榫齿的外径，并以墨笔画线，其间亦会检测榫间距（图4-73）。

图4-73　重定外径

5. 裁锯

工匠师傅根据上一步骤中每一榧上的墨线位置，以木框锯裁锯掉榧的多余部分，以求榧齿整饬、长度精准（图4–74）。

图4–74　裁锯榧齿

6. 调整榧间距

工匠师傅在每一齿榧的外端位置处，检测其榧间距，以修削出等榧间距。若超出公差范围少许，如榧之左榧间距较小，则削修榧左部分；右榧间距较小，则修榧右部分。例如，若右榧间距较小则以齿榧左侧为基准，以斧头轻敲平凿削薄右侧，再以平凿修整（图4–75）。

图4-75　调整榫间距

若超出公差范围太多，则需将榫退出，待修窄后重装。即工匠师傅将榫接合部分左右修窄些，如若右边榫间距大则修榫的右边部分，若左边者大修左边。重装时有需要可塞桑木片，以固定榫齿（图4-76）。

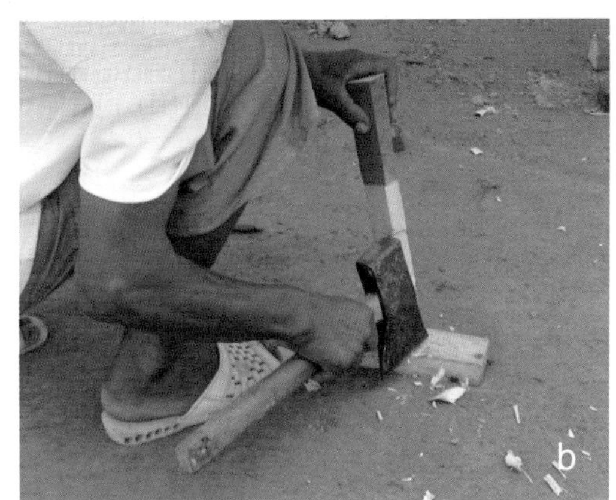

图4-76　整修榫齿

7. 修水平高度

工匠师傅在测榫齿的榫间距时，也需要同时审视其水平高度，并对高度太高或太低的齿榫标画记号。若皆在公差范围内，可以用长刨刀来刨平修齐（图4–77）。即利用标杆高度为基准，若超出公差范围少许（应参考其榫间距的大小判定），低者可修削榫下方的锥形，高者则须适当刨平上缘。若超出公差范围太多则要将榫退出修薄后重装，即将榫接合部分上下修薄些，如果水平高度太低则修榫的上边部分，若水平高度太高则修榫的下边部分。重装时有需要可塞桑木片，以固定齿榫。

图4–77　修平榫齿

8. 倒角修边

当每一榫的榫间距和水平高度都在公差范围内时，工匠师傅会针对每一榫以凿刀或斧头进行倒角修边的工作（图4–78）。最后，也可以用长刨刀来修平，待修平完成后则大齿轮的安装就完成了。

图4–78　倒角修边

四、置梭担

置梭担的工作包括放下软吊、置梭担、立标杆、调校、系软吊、制作吊梭担、调整软吊。

置�散担程序一共需要7根梭担和1根吊梭担（图4-79）。它们都是用来挑起桅子的。梭担选用的是外形通直的杉木，加工后全长4860 mm，头端直径约为102 mm，尾端直径约为75 mm。工匠师傅在距梭担头端面310 mm处凿一长条通孔（长130 mm、宽35 mm），尾端处钉上一铁钩，但要与长条孔在同一侧面上。安装时长条孔和铁钩都要朝上，以长条孔榫接桅子，以铁钩倒钩撬盘。吊梭担的选材和加工都与梭担相同，只有尾端处不同。吊梭担尾端不钉铁钩，但需要预留更长的尾端长度，以便固接于羊角上。梭担和桅子在安置当天上午便搬运到了组装现场。

图4-79　梭担

（一）放下软吊

软吊先前已系在羊角上方，工匠师傅只要用梯登高就可将它解开放下来。但因这次的旗子（用来测风向，作为一面风向旗）之前在重立车心时没重系上，工匠师傅此时补系较佳，同时可解开花盘处的拉绳。

1.穿戴设备

于正荣师傅是负责放下软吊这部分的工作。他准备了爬竿的设备（图4-80），并穿戴好。于师傅曾在电力公司服务，常在电线杆上工作，拥有爬电线杆的装备。

图4-80 爬竿设备

2.立风向旗

于师傅爬上车心上端花盘处，利用系在花盘上的拉绳，将风向旗拉上，并系于天缆上（不可系在天轴上，否则旗面会因车心旋转而卷起来），再解开系于花盘上的拉绳，之后爬下至羊角处，解开放下软吊（其上端系于车心上方的金刚镯处）。立好风向旗，陈巨师傅接下软吊，并展开依序暂系在大齿轮上（图4-81）。

图4-81 立风向旗及放软吊

（二）置梭担

梭担一端有铁钩，一端有长条孔（与桅子榫接处）。梭担依序径向跨置在大齿轮上，其铁钩端倒钩在撬盘上，另端在长条孔处以软吊暂时悬吊之（图4-82）。

图4-82　置梭担

（三）立标杆

工匠师傅在�担的外缘处地面设立一木桩作为桄担外端水平高度的基准（图4-83）。该标杆的高度是参考7根桄担初始位置而决定的。亦即检视安置各桄担情况，选一桄担来修其接触面以决定桄担末端的高度，再立下标杆作为基准。

图4-83　立标杆

（四）调校

首先，工匠师傅调整桄担位置，使各桄担间夹角相等。再者，他们根据标杆高度检视桄担外缘高度，可削薄桄担在与大齿轮接触部分的厚度以调整桄担外缘高度，使各桄担的长条孔位置高度相同（图4-84）。

图4-84　调校

（五）系软吊

工匠师傅把软吊系于长条孔的外端。他们把木棒插在长条孔中，以杠杆方式施力来稳固梹担，以利于软吊方便紧系于梹担上（图4-85）。

图4-85　系软吊

（六）制作吊梹担

吊梹担的形式有别于梹担，其外端仍须有长条孔，用以榫接桅子。它的内端并不是顶在撬盘处，故没有铁钩，而是挂在羊角上方的车心处，必须要现场装配。

工匠师傅把吊梹担的外端抬到标杆处，但外端高度要略低于标杆高度，使其长条孔位置与梹担的长条孔位置同高。内端则挂在羊角上方的车心处，进行现场的预合，并测绘出其装配位置，再进行现场加工组装（图4-86）。但吊梹担是在立桅子的步骤时才上挂安装的。

图4-86 制作吊梭担并测试

（七）调整软吊

当安置并调校好梭担位置（在加工组装吊梭担时），于师傅再次爬到车心的金刚镯处，根据其对应的梭担位置，来调整各软吊位置，并用铁丝系紧（图4-87）。之后便完成了安置梭担的工作。

图4-87 调整软吊

五、架桅子

架桅子的工作包括挂撑心、立吊杆、架桅子、组剪等。

架桅子涉及桅子、撑心、箍头、提头（滑轮组）与剪等的安装（图4-88），以形成大风车八角形骨架的风轮，如此桅子才能固定于桅担上。

桅子选用外形通直的杉木，加工后全长6000 mm，头端榫接处直径为125 ~ 140 mm。方榫长140 mm，厚33 mm，宽与其直径同，为125 ~ 140 mm，共凿出4个长条孔（长65 mm、宽35 mm，深度凿至左右两孔相通），用来与两根剪榫接。上下孔中心距为530 mm，左右孔中心夹角是120度，并对称于方榫。组装后，其下孔下端面距桅担上方面约120 mm，尾端处嵌接上一长度约250 mm的铁桅榫，用来榫接1根撑心、2根箍头。整个架桅子的过程都必须有一人在高空处，来协助桅子的组装。桅子组装顺序是以车心逆时旋转依次序安装。其中，吊桅担与桅子4（第四根桅子）榫接。本步骤为了方便说明，第四根桅子简称为桅子4，第二根撑心简称为撑心2，其余同理可推。另外，工匠师傅还进行了提头与铃铛之定滑轮组的加工，以及箍头孔位的测量、画线和加工。架桅子之前需要进行桅子、箍头、剪等的预合、测绘与加工。

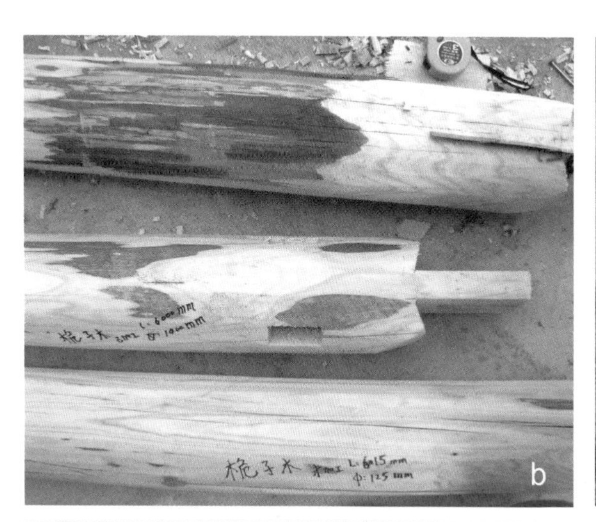

图4-88　桅子、撑心、箍头与提头

（一）挂撑心

架桅子的工作都在立吊杆处进行，故工匠师傅要将桅子、箍头、剪、提头等搬到立吊杆处附近，然后进行挂撑心。

撑心的一端箍有铁钩，另一端钻有一孔。在立吊杆的同时，工匠师傅可先将8支撑心挂在花盘上，即将有铁钩的一端钩在花盘的孔上（图4-89）。

图4-89　挂撑心

（二）立吊杆

以一根高于大柱的木桩作为吊杆，高空作业师傅爬上吊杆从事安装桅子等工作。

1. 量测找座位置并系竹扫帚

图4-90　系扫帚

此部分工作由于正荣师傅负责。首先，陈亚老师傅将准备好的吊杆，根据桅子的高度测量出系竹扫帚的位置，并与于师傅一同将竹扫帚系上（图4-90）。因于师傅要爬上吊杆坐在竹扫帚上，必须要由他亲自来系并确认安全无虑。最后，再系一拉绳于竹扫帚处。竹扫帚的寓意是“迎好风，扫除害风”，祈求平安顺利，而且竹扫帚容易取得，能就地取材。

2. 拉紧大缆

因吊杆系在大缆上，工匠师傅必须将大缆拉紧才不会使吊杆摇晃。工匠师傅将大柱的位置向外调整，使其倾斜更小（即更直），以便拉紧大缆（图4-91）。

图4-91　拉紧大缆

3. 立起吊杆

工匠师傅先在立吊杆的位置挖一洞，众人于洞处扶立起吊杆，一人利用一木棍施力吊杆高处以撑高之。立起后，数人扶住吊杆，数人用力拉拉绳（拉绳系在竹扫帚处）使吊杆紧靠大缆。于师傅再爬上吊杆，并将吊杆上端系在大缆上固定之。该绳索要穿系在大缆结点处，才能使吊杆不致偏移。待系牢后，于师傅便坐在竹扫帚上，调整好姿势，准备装立桅子的工作。其间，于师傅先测试拉起撑心，然后又把撑心送回到地上（图4-92）。

图4-92　立起吊杆

（三）架第一根桅子（桅子1）

架第一根桅子的工序为立桅子1，上撑心1，系麻绳。其中，系麻绳是因在架第一根桅子时没有箍头支撑，故必须利用两条绳索来增加稳定性。直到装箍头8后，麻绳才能被拆除。

1. 高空人就位

陈亚老师傅跟高空人（于正荣师傅）说明了架桅子的程序后，高空人于师傅便爬上吊杆定位，开始立桅子的作业，直至整个步骤结束后才能回到地面上。

2. 立桅子1

在工匠师傅立桅子1时，桅子1的上端由高空人扶住，桅子1下端由数人抬上枨担长条孔处，与枨担榫接（图4-93）。注意榫接介面，必要时须修整，使桅子1结合的接触面积最大。起初，桅子1并没有修整，稍后便撤了下来，工匠师傅把它修整好又重新进行了组装。

图4-93　立桅子1

3. 上撑心1

撑心已经事先以一端的铁钩钩在车心花盘上的孔中，高空人利用绳索将撑心有孔一端拉至桅子1上端处，使其孔插入桅子1的铁桅榫上。由此，撑心1便上好了（图4–94）。

图4–94 上撑心1

4. 系麻绳

工匠师傅利用麻绳系在桅子1的上端然后把麻绳下端往桅子1两侧拉至大齿轮上系好加以固定，以确保桅子1的稳定性（图4-95）。

图4-95　系麻绳

5. 修正的工作

工匠师傅在架桅子1过程发现到一些问题必须及时修正，包括吊杆位置的外移、桅子1榫头的削修以及桅子1的重架等。

（1）外移吊杆位置

起初，吊杆离桅子太近，致使工作空间较小，不利高空人作业，故众人合力将吊杆下端往大柱方向移动，上端由于师傅来调整（图4-96）。

图4-96　外移吊杆

（2）修削桅子1的榫头

卸桅子1的工序是上述架桅子1过程的逆向，亦即卸下撑心1和撤回桅子1。工匠师傅根据榫接的状况修削桅子1的榫头（图4–97），使其松配合即可。

图4–97　修削桅子榫头

（3）重架桅子1

待修整好桅子1的榫头和系好其上端的麻绳后，工匠师傅重新进行上述架桅子1的程序（图4–98）。

图4–98　重架桅子1

（4）重系麻绳

重系麻绳的工法同前，陈亚老师傅目测绳索系得对称否，若不对称，则进行调整，直至对称。

（四）架第二根桅子（桅子2）

架第二根桅子的工序为装箍头1（挂提头2），立桅子2，接箍头1，上撑心2，亦是其他桅子安装的标准程序。在整个架桅子的过程中，必须有1人（陈巨师傅）利用操控大齿盘来稳住风车，并转动其作业所需的方位。

1.装箍头1

工匠师傅由地面上将箍头1传给高空人，再将桅子1旋离高空人一个角度，使箍头1一端的孔方便地插入桅子1的铁桅榫上（图4-99）。箍头1的另一端先以麻绳绑在高空人处，但随后的挂提头2忘了装，待箍头8组好再补上。

2.立桅子2

首先，工匠师傅根据桅子2配合之栊担长条孔的尺寸，削修桅子2的榫头。之后，桅子2上端由高空人扶住，桅子下端由数人抬上栊担长条孔处，与栊担榫接（图4-100）。

3.接箍头1

在立好桅子2后，高空人便将随侧的箍头1接装在其铁桅榫上。

4.上撑心2

高空人利用绳索将撑心2有孔一端拉至桅子2上端处，使其孔插入铁桅榫。

图4-99　装箍头1

图4-100　立桅子2

（五）组第一组剪

两相邻的桅子间上端以箍头固定其距离，下端则以两根剪交叉榫接方式固定。其工序为组两根剪、量测剪的桅子间距、拆两剪、裁锯两剪、重组两剪（图4-101）。

安装第一组剪（简称组剪1）是在桅子1和桅子2间以两根剪交叉榫接方式连接，并以麻绳拉紧两剪间的两根栊担，使剪与桅子紧密结合。在组剪1时，工匠师傅需要量测其桅子间距是否与设计值相同。当时，量测出两桅子底端距离为360 cm，陈亚老师傅说太宽，故把两根剪裁短。之后，工匠师傅再重组两剪，完成后再用麻绳拉紧两根栊担，以固定两桅子间距。

图4-101　组第一组剪

（六）架第三根桅子与组第二组剪

接下来，其他桅子和剪的装法和步骤皆如桅子2和剪1者，依序组装，即可完成“架桅子”步骤的安装。其中，有些小顺序先后可以互换，但都不如上述顺序方便且省人工。本工序为装箍头2、立桅子3、接箍头2、上撑心3、组剪2。

1.装箍头2（忘挂提头3）

工法同装箍头1，亦忘挂上提头3，之后再补上。另外，高空人在等待期间会根据操作的方便和安全，来调整并系好吊杆。

2.立桅子3、接箍头2、上撑心3、组剪2

接续的工序为立桅子3、接箍头2、上撑心3、组剪2，其中有些小顺序先后互换（图4-102）。陈亚老师傅曾在尝试是否有更佳的做法，如拉提撑心3改在上桅子3之前，但高空人还需用先用一麻绳系在大缆上，并不十分方便。故试过之后，整个安装便恢复之前的顺序。

图4-102　立桅子3、接箍头2、上撑心3和组剪2

（七）架第四根桅子与组第三组剪

架桅子4的工法亦同架桅子2，但因桅子4与吊桜担榫接，必须先将吊桜担挂上车心。故其工序为装箍头3、挂吊桜担、立桅子4、接箍头3、上撑心4、组剪3。

1.装箍头3和挂提头4

这次装箍头3后，工匠师傅和高空人便配合用绳拉上提头4，并挂在箍头3上（图4-103）。

2.挂吊桜担

工匠师傅将吊桜担之内端吊挂在车心的羊角上方位置，使吊桜担的长条孔位置高度与其他桜担者相同，并以软吊吊之（图4-104）。同时，有一人扶持住其长条孔端，待内端固定好后，才开始立桅子4，其法如立桅子2。但因未组装完成，吊桜担无法承受桅子4的重量，须格外注意。之后的过程要安排专人扶持并以木棒支撑保证安全、稳定。

图4-103　装箍头3和挂提头4

图4-104　挂吊桜担

3. 立桅子4、接箍头3、上撑心4、组剪3

下面3幅图展示了工匠师傅们把桅子4立在吊桄担上，接箍头3和上撑心4于桅子的铁杆上，以及组剪3于桅子3和桅子4之间（图4-105）。

图4-105　立桅子4、接箍头3、上撑心4和组剪3

（八）逐一架桅子与组剪

1.架第五根桅子与组第四组剪

该工序为装箍头4（挂提头5）、立桅子5、接箍头4、上撑心5、组剪4。其中，工匠师傅需要装箍头4于桅子4的铁桅榫上，然后挂提头5，立桅子5，接箍头4及上撑心5，还有组剪4于桅子4和桅子5之间（图4-106）。

图4-106　架第五根桅子与组第四组剪

2.架第六根桅子与组第五组剪

该工序为装箍头5（挂提头6）、立桅子6、接箍头5、上撑心6、组剪5（图4-107）。

图4-107　架第六根桅子与组第五组剪

3. 架第七根桅子与组第六组剪

该工序为装箍头6（挂提头7）、立桅子7、接箍头6、上撑心7、组剪6。其中，工匠师傅会针对撑心与桅子铁桅榫之接合孔进行扩孔，使其容易插入。

4. 架第八根桅子与组第七组剪

该工序为装箍头7（挂提头8）、立桅子8、接箍头7、上撑心8、组剪7。其中，挂提头8的过程，即高空人以绳索拉上提头8，并挂在箍头7上。

5. 组配箍头8与补挂提头

工匠师傅在架桅子8与组剪7完成后，便能确定桅子8与桅子1的距离，即可进行箍头8的组配。他们先预合地装箍头8和接箍头8，找出并钻出箍头8的接合孔，再装箍头8与接箍头8（图4-108）。之后，则补挂上提头1、提头2、提头3。

（九）组第八组剪

工匠师傅安装最后一组剪。桅子8和桅子1间的上端距离用箍头8固定完成后，其下

图4-108　组配箍头8与补挂提头

端则以两剪8来固定。为使大风车的结构刚性较佳，最后一组剪的安装必须要起到撑紧的作用。

然而，两剪8的安装是比较困难的，因组装的误差，到组装剪8时容易出现剪的长度过长或太短，故需现场依发生状况处理。本次复原则是发生了过长的状况，因而须要裁锯。组装剪8的工序如下。

1. 解放梭担

为充分利用两支剪8产生的撑张效果，工匠师傅以较长于两桅子距离的剪进行组装，并将其梭担铁钩端脱离撬盘而外移。故组装后，桅子8（含其梭担）被两侧的剪撑开向外、向上翘，也导致了其结构的扭曲。

2. 拉回梭担与撬盘接合

只要再将梭担铁钩端拉回与撬盘接合，整个结构便可成类似正八面体并可产生撑紧作用。故众人齐力下压梭担8的外端，陈亚老师傅则以麻绳旋紧来缩短桅子8与车心间的距离。在整个过程中，另有木工师傅以斧头敲击来调整各剪与桅子间接合的紧密度，但始终无法拉回（图4-109）。

a

b

图4-109 拉回桅担与撬盘接合

3. 再裁短两剪8

为拉回桅担与撬盘接合，根据上述组装的情况，工匠师傅再次适当地裁短两支剪的长度。

4. 再拉回桅担与撬盘接合

工匠师傅再根据上述的工法，将桅担铁钩端拉回与撬盘接合（图4-110）。

图4-110 再拉回桅担与撬盘接合

（十）检视与调校

1. 检视

当桅子组装完成，工匠师傅需检视提头是否定位妥当，升帆索是否跨挂在其滑轮上，以及整个大风车结构有否问题。其中，工匠师傅会将每一个提头跨挂上升帆索，并调整好各提头的位置（图4-111）。

图4-111 检视

2. 调校

工匠师傅在桡担的外缘处地面设立一木桩作为桡担高度的基准，或利用之前的标杆，依序调整并系紧每一软吊，使各桅子的高度一致（图4-112）。调校之后，大风车的骨架也就组装完成了，并可试转之。

图4-112 调校

（十一）撤吊杆

当工匠师傅检视风车桄担、桅子等没有问题后，此次复原就没有其他的高空作业内容了，故可以撤下吊杆。其工序与立吊杆相反。于师傅以绳吊起其爬竿装置并穿戴好，同时有一人拉拉绳，众人扶住吊杆。此时，于师傅则可解开吊杆与大缆的系绳，并爬下吊杆。最后，工匠师傅与于师傅协作撤下吊杆（图4-113）。

图4-113 撤吊杆

六、定跨轴

定跨轴工作包括修护旱拨和水拨、丈量与整地、定位 、安座以及检视与调校。

安装跨轴当天一早，工匠师傅便将跨轴搬运到大风车旁。陈亚老师傅在架桅子前先进行了旱拨和水拨的修护工作。完成架桅子的工作后，他开始安装跨轴的工作，其步骤涉及丈量、整地、定位、安座、检视与调校（图4-114）。

图4-114　安装跨轴

（一）修护旱拨和水拨

安装跨轴前，工匠师傅要先检视其旱拨和水拨是否有问题。因本次制作时程较短，购得桑树原木未能晾干就将它制成了旱拨和水拨，因而旱拨和水拨都产生裂缝，所以必须进行修补（图4-115）。修补工序有加固铁箍、检修齿孔、修护水齿及调校。

图4-115　水拨和旱拨

1.加固铁箍

由于水拨、旱拨的铁箍都发生了松脱的现象，水拨的铁箍加固采用的是特制的铁钉。工匠师傅将铁钉钉在铁箍与水拨间的缝隙内。铁钉的分布和数量则根据水拨的裂缝和铁箍的松脱情况而定；旱拨的铁箍加固则是增加一层环铁片，也可增补上述特制铁钉（图4-116）。

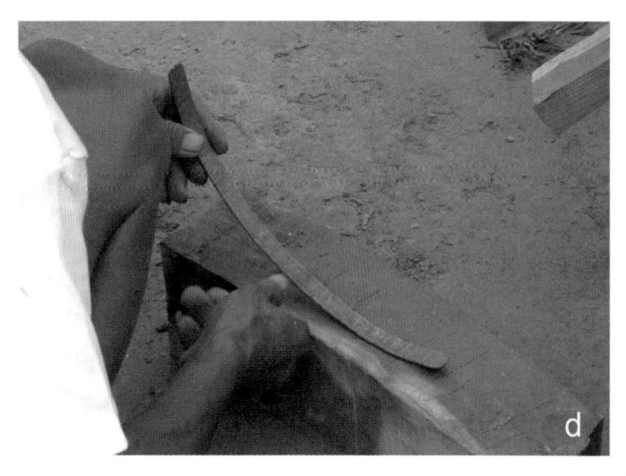

图4-116　加固铁箍

2. 检修水齿孔

因旱拨和水拨都产生了裂缝，工匠师傅以锔钉防止它们的裂缝扩大。故事先请铁匠做出较小尺寸的锔钉，又因桑木硬度高，工匠师傅先以电钻钻孔，再打入锔钉（图4-117）。

图4-117　检修水齿孔

3. 修护水齿

这次水拨的裂缝过大造成水齿的松动和水齿间距的改变。水齿的加固是在其齿根处加塞木片，再以斧头轻敲迫紧，使木片与拨轮紧密结合。

4. 调校

工匠师傅还要考虑水齿间距的调整，如有必要换掉水齿，更换更大齿厚的水齿以便于裁锯出相等的水齿间距（图4-118）。

图4-118　调校

（二）丈量与整地

工匠师傅先立标杆以定出跨轴旱拨位置，再根据跨轴的长度、龙骨水车的长度、车心离河岸的距离丈量出跨轴和龙骨水车的摆置位置，并在地上画出标记，再请其他师傅以圆锹挖出所要的灌溉渠道和水车槽沟（图4-119）。

图4-119　丈量与整地

（三）定位

工匠师傅将跨轴摆置于预定处，其旱拨端在大齿轮处，水拨端则在龙骨水车处。而且跨轴摆置时，须注意它的轴向必须对准车心中线。根据丈量结果以铲子挖出旱拨坑和灌溉渠道，并利用挖出的泥土堆成作为两游子（轴承座）的地基（图4-120）。

图4-120　摆置跨轴位置

（四）安座

跨轴两端要以游子承托（图4-121）。在此次复原中，两游子都以土堆作为地基，并可调整其高低。其高度是以旱拨与大齿轮的啮合为依据，即两者啮合时，旱拨齿端的高度与大齿轮之棰的上齿面同高。水拨端游子安装的重点是使跨轴保持水平以便大小齿轮能啮合运转平顺。

图4-121　支撑跨轴的游子

1.夯实游子地基

两游子地基必须扎实，师傅们用游子、木棒及铲子锤打土堆夯实。

2. 调整旱拨端游子

将跨轴轴向对准车心中线，根据旱拨啮合齿的高度与大齿轮的上齿面的高度差，来调整地基的高低。首先是将两游子地基堆至所要的高度，再作微调。先调旱拨端，再微调水拨端。微调时，一人在跨轴旱拨端抬起做旱拨与大齿轮之离合的切换动作，一人进行游子地基筑高的调整，直至旱拨啮合齿的高度与大齿轮的上齿面同高（图4-122）。

图4-122 调整旱拨端游子

3. 调整水拨端游子

工匠师傅根据上述的结果确定并挖出灌溉渠道，亦利用其土堆成水拨端的游子地基，夯实后将游子与跨轴装好。之后，陈亚老师傅便站在水拨端游子处，检视与调校使水拨位于渠道正上方、跨轴保持水平，使大小齿轮啮合运转平顺（图4–123）。

图4–123　调整水拨端游子

4. 固定游子

首先，工匠师傅固定旱拨端的游子。他用铁丝系在木桩固定，其木桩位于受力方向的反向一边（图4–124）。跨轴安装与调校好后，工匠师傅才固定水拨端之游子，其法同上。

图4–124　固定游子

（五）检视与调校

跨轴两端的游子皆安装好之后，工匠师傅便检视跨轴的转动是否平顺，同时检视其啮合的情况。根据每一轮齿与榁啮合的情况，工匠师傅在必要时会再进行调校、修齿形。跨轴调校好之后，陈巨师傅便以菜籽油作为润滑剂，用毛刷刷跨轴的2个钏（轴承），以便跨轴转动得顺滑（图4-125）。

图4-125　检视与调校

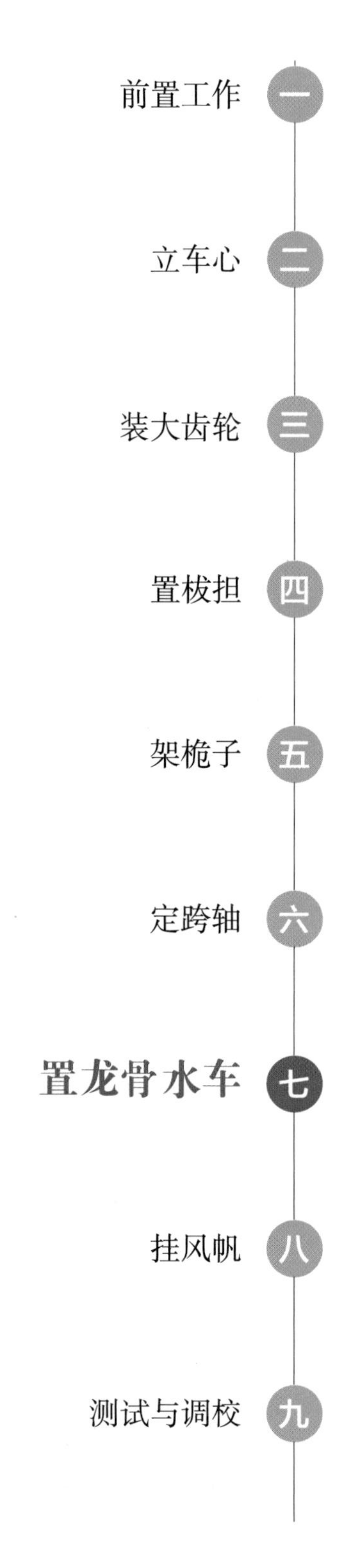

七、置龙骨水车

安置龙骨水车的工作包括整地、整装、安装、调校和试转。

（一）整地

龙骨水车与跨轴在同天早上被工匠师傅搬至大风车旁。工匠师傅在定跨轴的丈量与整地时，便已经确定了龙骨水车的位置，同时，以土锹、铲子挖出水车槽沟和灌溉沟渠（图4–126）。

图4–126 整地

（二）整装

1.组吊架

工匠师傅把长度约为水车宽度2倍大小的木棍的两端系上铁丝作为水车的吊架，然后把吊架放置在距水车尾端之小链轮约1 m处，并用麻绳将其铁丝系于槽筒上。

2.装龙骨

龙骨安装（图4-127）方向与其运转方向相同，故龙骨要先行在水车尾端整理拉直，再由尾端进入槽筒（注意龙骨的彿板的摆置方向），转动机掇了（小链轮）并一直拉到出前端1 m处为止。后端的龙骨则回绕过机掇子与它啮合，并置于行彿上向前拉去，也一直拉到出前端1 m处为止。若龙骨不够长，工匠师傅只要在鹤子端以木销相接即可。

图4-127　装龙骨

（三）安装

1. 定位

水车整装好之后，便被搬到水车槽沟内。它的前端置于水拨处，尾端则置于水道中（图4-128）。工匠师傅还在水车前端下方以土砌成一块地基，以便翻车能稳固运转，又能阻拦水道中的水回流入槽沟中。

图4-128 水车定位

2.安装

工匠师傅在水车前端进行其龙骨与水拨的啮合安装，并在尾端以木架将槽筒吊起，使机掇子底端入水。安装时，要注意机掇子的入水深度应大于龙骨板高度（图4-129）。

工匠师傅循着龙骨运动方向，将龙骨从水拨下方沿水拨圆周环绕，使其鹤子与水拨齿相啮合，并将其一端延伸至行梻上与另一端相接。接着调整水车前端与水拨之间的距离，来控制龙骨（链条）的松紧度，使其啮合的运转平顺。其中，水车前端与水拨之间的距离与龙骨的松紧度可以通过增加或减少龙骨数来协调。

工匠师傅先于水车吊架稍前处，并在其水道边旁用两根木棒交叉立于水道上，并用铁丝系于交叉处形成X字形支架。然后在吊架上方置1根横木。横木的一端置于岸边，另一端置于X字形支架的交叉处上，形成一个稳固的木架。在横木上安置一根杠杆，杠杆的短臂端挂槽筒，长臂端系一根麻绳在槽筒侧边的列槛桩上，形成一个杠杆机构。龙骨水车利用麻绳的长度，可以调整水车尾端入水深度。

图4-129　装龙骨

（四）调校

当水车安装好后，工匠师傅便使大风车试运转带动跨轴和龙骨水车，从而进行调校。调校主要注意两个重点：一是水拨与龙骨的啮合是否顺畅；二是水车与跨轴是否垂直。调校后，再试转若没问题，此时便完成了水车的安装（图4-130）。

1. 调校啮合顺畅度

水拨与龙骨的啮合顺畅度是通过调整水车前端与水拨之间的距离，使龙骨（链条）运转的松紧度适中，让每一龙骨鹤子都能与水拨齿准确地啮合。

2. 调校水车垂直度

陈亚老师傅站在水拨前目测水车与跨轴的垂直情况以及汲水运转的情况，指挥工作人员适当调整水车尾端的位置以确定水车最终的垂直度。

图4-130 调校水车垂直度

（五）试转——牛转翻车

安置好龙骨水车之后，风力龙骨水车算是组装完成了。在风帆未装前，工匠师傅先以牛来试着转动龙骨水车。

1. 贴红纸

陈巨师傅准备了一张写着“大将军八面威风”的红纸贴在车心上，祈求风车能够承受四面八方的来风，并终年运转顺利。

2. 系牛轭

看车人刘于柱师傅将牛轭两端分别以绳索系上梹担上（与桅子3结合处，图4–131），再将水牛牵出水道，从第3组剪处进到风车里，将牛定位在吊梹担下。刘师傅此时便帮水牛穿戴上牛轭，即将牛轭套在牛颈上，并系一条布绕过颈下（图4–132）。同时，刘师傅将牛鼻绳绕挂过左侧牛角，稍保持一些紧度，使牛感受到左侧受力，令水牛绕圆周走动。

图4-131 系牛轭

图4-132 套牛

3.牛转风车

刘师傅一手牵着牛鼻绳（牛鼻绳亦可系在挂上），一手持着绳结鞭，开始催使水牛走动，带动风车运转（图4-133）。水牛带动风车转动速度是每分钟3～4转。其中，跨轴的高度对水牛的走动是一个障碍，故其高度不能太高。这次的跨轴高度适中，水牛能够较为顺利的跨过。在试转过程中，陈亚老师傅等要注意龙骨运行的速度、龙骨与水拨及机掇子的啮合度、水量的大小等情况。若有问题他们会立即处理，直到试转至一切平顺。

4.卸牛轭

试转结束后，刘师傅即卸下牛轭，牵水牛走出大风车。

图4-133　牛转风车

八、挂风帆

挂风帆的工作包括加固风帆、系桅绳、组装帆脚索、挂风帆、绑帆脚索。然后工匠师傅根据上述步骤逐一挂上风帆。

布帆在安置龙骨水车时已陆续被搬到大风车组装现场。布帆搬来时已经完成风帆基本的裁缝和组装，包括边绳（纲绳）、帆竹、布带。亦即每个布帆都裁缝好了，所有的布带已扯好并绑上了10根帆竹。同时，布帆四边也扯好布边并穿上边绳（图4-134）。

在牛转风车测试之后，工匠师傅便开始进行风帆的组装工作。从展开风帆到上风帆的工序，其实没有固定顺序的问题，根据当时组装现场的大致顺序为：①风帆搬运；②风帆展开；③风帆上下边加系帆竹；④系麻绳（张开风帆）；⑤系桅绳（系绳扣带和绳圈套）；⑥系帆脚索；⑦上风帆；⑧系升帆索；⑨扣桅绳；⑩系挂绳；⑪绑帆脚索。工匠师傅依上述步骤将每张风帆逐一进行组装。待8张风帆挂吊好，整个挂风帆工作即可完成。为容易说明挂风帆的程序，笔者用五步骤进行叙述：①加固风帆；②系桅绳；③组装帆脚索；④挂上风帆；⑤绑帆脚索。

图4-134　准备风帆

（一）加固风帆

展开风帆后，工匠师傅做进一步操作。首先是加系帆竹和张开布帆，以强化与加固风帆。

1.加系帆竹

工匠师傅在布帆上下端各加系一根帆竹，目的在于加固（图4-135）。特别是上端帆竹，可明显增强悬吊风帆的强度。

图4-135　加系帆竹

2.张开布帆

工匠师傅在帆竹的两端钻穿孔，然后分别以针线将布帆紧系在帆竹的穿孔上以张拉布帆。每根帆竹两端都钻有穿孔，以麻袋针穿带麻绳线，穿过其穿孔，将布帆两边拉紧在穿孔上，使沿着每根帆竹的布帆始终展开，不会缩在一起（图4-136）。现场师傅多以铁丝对折来取代麻袋针。

图4-136　张开布帆

（二）系桅绳

风帆利用每根帆竹上的桅绳套在桅子上（除上端帆竹外），并使风帆可绕着桅子旋转或升降。在挂帆时，每一（左边）绳圈套会绕过桅子以单编结系在（右边）绳扣带上。

1. 系桅绳

桅绳是一组麻绳，采用古代服装的盘扣形式制作，包含绳扣带（扣袢）、绳圈套（图4-137）。布帆上已经画有两条墨线，将布帆分为3部分，其宽度比例约为63∶16∶68。约在布帆的竖向中心线带，且缝有布带，沿右线与帆竹交接处是以双套结绑上绳扣，再沿左线与帆竹交接处则是以8字结系上绳圈套，其长度约为桅子周长。其中，布带可用来固定绳扣带和绳圈套。

图4-137　系桅绳

2. 修正位置

图4-138　修正位置

上述系桅绳的位置是在布帆中心线带上，是不准确的，故在后续的测试时，风车无法运转。师傅们遂将布帆的绳圈套位置往右边移（图4-138），使风帆有长边和短边之分，让风帆能够翻转，以顺应风向受力。之后多次试验工匠师傅得到桅绳的最佳位置是约在距布帆右边2/5处，则右边为短边，左边为长边。

（三）组装帆脚索

帆脚索由数条麻绳组成。除上端帆竹外，每一根帆竹左端（在长边端）都系有帆脚索，都是以8字结方式系在帆竹上。上3条帆脚索汇集在上结点后，成1条上帆脚索，中3条帆脚索汇集在中结点后成1条中帆脚索，下3条帆脚索汇集在下结点后成1条下帆脚索，上中下3条帆脚索再汇集1个结点后成1条帆脚索（图4-139）。

1. 上帆脚索的组装

取1条麻绳端，以8字结系在上方第2根帆竹左上，也可同时将布帆绑在帆竹上，有的师傅更以布带绑紧打结处。经测量剪裁出适当长度后，将麻绳另一端以8字结系在上方第3帆竹左端上，形成上前帆脚索。再取1条麻绳端，以单编结方式与上前帆脚索连接，形成上结点。并延伸出适当的长度，将其绳端头以8字结系在上第4根帆竹左端上。再者，找出施力的角度，利用上结点的单编结，来调整3条帆脚索长度。确定后，再将上结点系紧，完成了上帆脚索的组装。

2. 中帆脚索的组装

取1条麻绳端，以8字结系在第5根帆竹左端上，经测量剪裁出适当长度后，将麻绳另一端以字结系在第6根帆竹左端上，形成中前帆脚索。再取上帆脚索自由端，以单编结与中前帆脚索连接，形成中结点。延伸出适当的长度，将其绳端头以8字结系在第7

图4-139 组装帆脚索

根帆竹左端上。再者，找出施力的角度，利用中结点的单编结，来调整3条帆脚索长度。确定后，再将中结点系紧，完成了中帆脚索的组装。此时，中帆脚索与上帆脚索是同一条绳索。

3. 下帆脚索的组装

取1条麻绳端，以8字结系在第8根帆竹左端上，经测量剪裁出适当长度后，将麻绳另一端以8字结系在第9根帆竹左端上，形成下前帆脚索。再取1条麻绳端，以单编结与下前帆脚索连接，形成下结点。并延伸出适当的长度，将其绳端头以8字结系在第10根帆竹左端上。再者，找出施力的角度，利用下结点的单编结，来调整3条帆脚索长度。确定后，再将下结点系紧，便完成了下帆脚索的组装。

4. 帆脚索的调整

工匠师傅将下帆脚索自由端，以单编结与（上）中帆脚索连接，形成后结点。再以施力方向试拉，整理各绳结来调整每条帆脚索长度，期使每条帆脚索施力于每一条帆竹的力量能够均匀。调整好之后，系紧后结点，便完成帆脚索的组装（图4–140）。

图4–140　调整帆脚索

（四）挂上风帆

1.上风帆

风帆组装好，工匠师傅可再检视帆竹的长度是否需要适度地锯短。之后，师傅们由下帆竹到上帆竹，逐一提起，并将帆脚索收放在风帆上，然后将整个风帆抱起放置在风车的桅子处。风帆两边可装跨在剪上。

2.系升帆索

升帆索是1条绳索（须可承受风帆重量的拉绳）。挂置提头时工匠师傅便将升帆索跨在提头的铃铛（滑轮）上。挂上风帆的作业师傅必须站在桠担上进行，先将原升帆索的结解开，一垂线端以8字结系在风帆的最上端双帆竹上，其位置约在距右边2/5处（约在桅绳中间处），并留有较长的绳头（图4-141）。另一垂线端从正面绕过风帆的下端，从背面上至风帆上端，与前端绳头以平结或渔人结方式相接。

图4-141　系升帆索

3. 扣桅绳

一人利用升帆索拉升风帆，另一人从上帆竹到下帆竹，逐一将其左边的绳圈套绕过桅子，以单编结系在帆竹右边的绳扣带上（图4-142）。

图4-142　扣桅绳

4. 系挂绳

挂绳系在升帆索上，可以调整在任一位置。亦即以一个环状的挂绳用双合结（牛结）系在升帆索上，再往上绕升帆索打一个单结。当风帆升起后，是以挂绳钩挂在栊担上，以固定其高度（图4-143）。因挂绳可任意固定在升帆索的任一位置，故风帆可升起任意高度。

图4-143　系挂绳

（五）绑帆脚索

1. 调风帆角度

调风帆角度是利用调整帆脚索的长短来控制风帆的角度与受风面积。当风帆升起后，根据风力大小，陈亚老师傅拉动帆脚索来控制风帆的角度和受风面积，以确定帆脚索所需的长度。初次使用，陈亚老师傅会再重新整理各结点以调整各帆脚索的长度，使每一帆脚索受力均匀（图4-144）。当各结点调整并系紧后，风帆就不必再调整了。

2. 绑帆脚索

确定风帆角度之后，工匠师傅便将帆脚索以单结系在前方的上剪上，再以8字结或单结系在前一桅子底端或桚担上。

至于绑帆脚索的方向，因龙骨水车是单向运转，大风车必须是逆时针运转，故帆脚索的固定端是系在风帆的左边，其自由端则是系绑在风帆前方的剪上和前一桅子或桚担上（图4-145）。

图4-144　调风帆角度

图4-145　绑帆脚索

（六）逐一挂上风帆

依上述步骤和工法，工匠师傅逐一挂上风帆（图4-146）。此时大风车已准备妥当。另外，帆脚索还有另一种系法（与篷帆相同），主要差异在（上）中帆脚索的长度太短，高度低于下帆脚索，则再取一条麻绳，一端绳头以单结系于（上）中帆脚索，另一端拉伸到适当长度时与下帆脚索汇集并以双索结打出一末结点，便完成帆脚索的组装。

b

C

图4-146　逐一挂上风帆

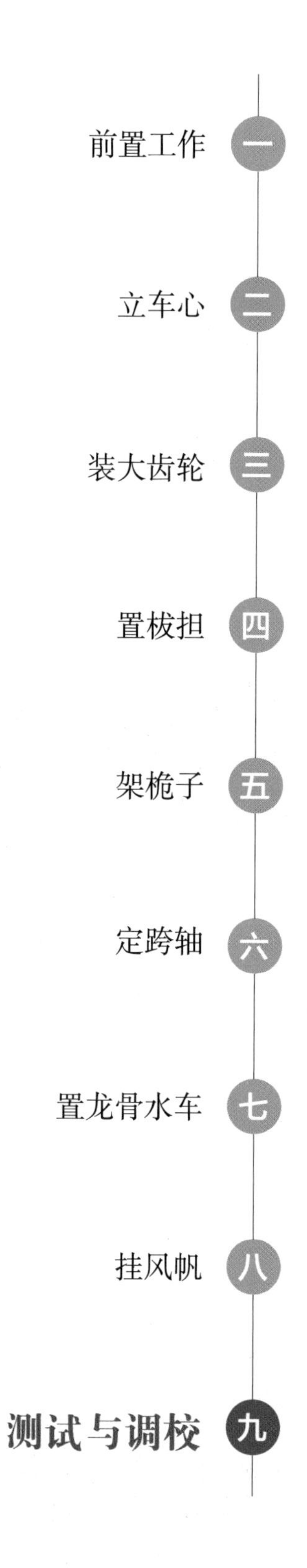

前置工作
一
立车心
二
装大齿轮
三
置栊担
四
架桅子
五
定跨轴
六
置龙骨水车
七
挂风帆
八
测试与调校
九

九、测试与调校

大风车的风帆和龙骨水车等皆已装配好后，工匠师傅便要开始整个系统的现场测试与调校。其工作涉及排除问题、风帆全开测试、风帆2/3开测试、停车测试以及制车测试。

现场测试是非常重要的步骤，也是这次复原工作的主要目的。项目组利用苏北当地的气候和地理环境，了解大风车的运转情况与灌溉能力。

（一）排除问题

1. 前置的准备与调校

在试运转时，工匠师傅和项目组成员密切注意各运动杆件的传动状态并做适当的调整，如水车的提水状况、龙骨与杌掇子和水拨的啮合传动、旱拨与大齿轮的啮合传动、各个轴承的作动（车心的公转和母转、将军帽、跨轴的轴承等）、风帆帆角的控制等（图4–147）。

a

图4-147　前置的准备与调校

2. 排除问题

起初，风帆一一拉起（全开），也都已调整并系好帆脚索，当时虽有3～4级以上的风速，但大风车不能运转起来。现场师傅和项目组成员不断进行尝试与调整，另一些对风车操控有经验的耆老纷纷提出自己的看法，最后师傅们将原位于布帆中心线上的桅绳组往右边移。因条件限制，实际上只是将在布帆下半部的桅绳位置往右边移。这样使得风帆有长边和短边之分，进而让风帆能够翻转，以顺应风向受力（图4–148）。大风车因此能运转起来。

图4–148　排除问题

（二）全帆测试

根据风速和所需的转速，现场人员可调整帆脚索的长度，决定其帆角。当帆脚索拉紧至剪同向时，风帆受力最小；当放松至与桄担同向时，风帆可以承受到最大风力。现场当天有3～4级以上的风速，能使风车运转达每分钟3转以上的转速（图4-149）。

图4-149　全帆测试

（三）帆2/3开测试

当风速太大时，操控人员除可拉紧帆脚索减小帆角外，亦可调整风帆的高低减少其受力面积。为此，项目组成员和工匠师傅在现场对风帆做了降低风帆高度的试验。

该试验通过调整挂绳在升帆索的高度，来决定风帆的高度。当天因现场风速够大，仅张开2/3高度的风帆，大风车依然可以达每分钟3转的转速，来带动龙骨水车的提水（图4-150）。在开测试运转的过程中，陈亚老师傅（图中戴帽者）还随风车转动移动地调整风帆的状态。

图4-150　帆2/3开测试

（四）停车测试

1. 急停车测试

若风速过大致运转过快，欲停车时，可以站在风车外环的定点，一一将挂绳拨离梹担（图4-151）。风帆便逐一落下，风车逐渐停车，龙骨水车不再汲水。当风车停车后，再整理风帆使之跨在两侧剪上，并用绳索捆绑固定。

2. 停车测试

在整个停车作业过程中，工作人员解开挂绳后，缓放升帆索，可使风帆不会急速落下，落在两侧剪上，但因风车仍在运转，师傅们要随转动速度而跑步移位（图4-152）。实际上，操控人员只要站在定点拨挂绳即可。

图4-151　急停车测试

图4-152　落帆停车

3. 锁车测试

当风帆放下停车后，一般是要锁住风车，不让它任意转动，以防止损车或带来危险。

工匠师傅取一长麻绳对折后，在绳头端打个紧紧的单结形成双索，再以单结系在大柱底端。这样绳索两端各系在桠担尾端，至少用两个相对的大柱来固定风车的转动（图4-153）。

图4-153 锁住风车

经过一系列的制作工法和装配工艺，中国立帆式大风车完美地立在了盐城河海镇。此次立帆式大风车的复原取得圆满成功。诸多场景仍旧让人印象深刻，这其中有现场记录的场景，有受采访时的场景，有几位工匠师傅身影，也有项目组主要负责人的合影。以下组图便是遴选的场景记录。

参考文献

太政府符：应作水车事（829），《类聚三代格》。转引自：唐耕耦（1978），《唐代水车的使用与推广》，《文史哲》，第4期，页74–75。

中南召开农业机械计划会议（1952年9月3日），《人民日报》（2版）。转引自：侯嘉星（2016），《近代中国农业机器产业之研究》，台湾政治大学历史学系研究所博士论文，台北，页280。

中国经济统计研究所（1933年），《上海之机器工业》，上海社会科学院经济研究所，档号04–052。转引自：侯嘉星（2016），《近代中国农业机器产业之研究》，台湾政治大学历史学系研究所博士论文，台北，页87。

丘光明、邱隆、杨平（2001），《中国科学技术史》（度量衡卷），北京：科学出版社，页406–407。

田秋野、周维亮（1979），《中华盐业史》，台北：商务印书馆，页331。

（清）宋如林，等修，孙星衍，等纂（1970），《松江府志》（卷五），清嘉庆二十二年刊本影印本，台北：成文出版社，页168。

（明）宋应星（1978），《天工开物》（卷一），明崇祯刻本影印本，台北：广文书局，页6。

李宜伦（2012），《立轴式风力龙骨水车的受力与效率分析》，南台科技大学机械工程系研究所硕士论文，台南。

李约瑟（著）、陈立夫（主译）（1971），《中国之科学与文明：机械工程学卷》，台北：商务印书馆，第9册，页407–410。

林芠峯（2010），《立帆式大风车的复原分析》，南台科技大学机械工程系研究所硕士论文，台南。

林育升（2012），《新型立帆式风车之设计》，南台科技大学能源工程研究所硕士论文，台南。

（清）林昌彝（1982），《砚桂绪录》（卷十三）。转引自：清华大学图书馆科技史研究组（主编），《中国科技史资料选编：农业机械》，北京：清华大学出版社，页213–214。

林聪益（2001），《古中国擒纵调速器之系统化复原设计》，台湾成功大学机械工程学系博士论文），台南，页1–9。

林聪益、颜鸿森（2006），《古机械复原研究的方法与程序》，广西民族学院学报（自然科学版），第2期，页37–42。

（清）金武祥（1982），《栗香二笔》（卷一）。转引自：清华大学图书馆科技史研究组（主编），《中国科技史资料选编：农业机械》，北京：清华大学出版社，页218。

金煦（主编）（2003），《江苏民俗》，兰州：甘肃人民出版社。

（清）周倬（1982），《浏阳水车歌》，《袖月楼诗》。转引自：清华大学图书馆科技史研究组（主编），《中国科技史资料选编：农业机械》，北京：清华大学出版社，页217–218。

（清）周庆云（1982），《盐法通志》（卷三十六），一九一八年铅印本。转引自：清华大学图书馆科技史研究组（主编），《中国科技史资料选编：农业机械》，北京：清华大学出版社，页224–225。

易颖琦（1990），《立轴式大风车的考证、复制、研究与改进》，同济大学硕士论文，上海，页34–36。

易颖琦、陆敬严（1992），《中国古代立轴式大风车的考证复原》，《农业考古》，第3期，页157–162。

（清）纳兰成德（1990），《渌水亭杂识》（已集二十四），载于（清）张潮、杨复吉、沈楙悳等（编纂），《昭代丛书》，上海：上海古籍出版社，第2册，页1350。

胡石言，黄宗江（编剧）、王苹（导演）（1957），《柳堡的故事》，北京：中国人民解放军八一电影制片厂。

侯嘉星（2016），《近代中国农业机器产业之研究》，台湾政治大学历史学系研究所博士论文，台北。

（明）徐光启（1983），《农政全书》（卷十六），载于纪昀等编：《景印文渊阁四库全书》（子部三七：农家类），台北故宫博物院庋藏本影印本，台北：商务印书馆，第731册，总页731–231。

（明）徐光启、熊三拔（1983），《泰西水法》，《农政全书》（卷十九），载于纪昀等编：《景印文渊阁四库全书》（子部三七：农家类），台北故宫博物院庋藏本影印本，台北：商务印书馆，第731册，总页731-263。

徐骏豪（2007），《唐宋朝代至1950年代龙骨水车的发展与运用：以江苏为考察重心》，台湾成功大学历史研究所硕士论文，台南。

（清）张廷玉等（修），《明史·志第五十六·食货四：盐法》，杨家骆（主编）（1975），《新校本明史并附编六种》（卷八十），台北：鼎文书局，第4册，总页1932。

张柏春（2002），《认识中国的技术传统：关于中国传统机械的调查》，《自然辩证法通讯》，第24期（6），页51-56。

张柏春、张治中、冯立升、钱小康、李秀辉、雷恩（2006），《中国传统工艺全集：传统机械调查研究》，郑州：大象出版社。

教民耕织机器说（1889年8月31日），《申报》（1版）。转引自：侯嘉星（2016），《近代中国农业机器产业之研究》，台湾政治大学历史学系研究所博士论文，台北，页40。

陈立（1951），《为什么风力没有在华北普遍利用：渤海海滨风车调查报告》，《科学通报》，第2期，页266-268。

陈柏宪（2011），《新型风力抽水泵之设计》，南台科技大学能源工程研究所硕士论文，台南。

（明）童冀（2005），《水车行》，《尚絅斋集》（卷三），载于纪昀等编：《文津阁四库全书》（集部：别集类），商务印书馆影印国家图书馆藏本，北京：商务印书馆，第410册，页772-773。

（南宋）刘一止（1983），《苕溪集》（卷三），载于纪昀等编：《景印文渊阁四库全书》（集部七一：别集类），台北故宫博物院庋藏本影印本，台北：商务印书馆，第1132册，页1132-13。

刘素成、封雷（2006），《响水县海边风速分析》，江苏：盐城气象局。

（清）关廷牧（修）、徐以观（纂）（1982），《甯河县志》（卷十五），清刻本。转引自：清华大学图书馆科技史研究组（主编），《中国科技史资料选编：农业机械》，北京：清华大学出版社，页218。

Tsung-Yi Lin（林聪益），Wen-Feng Lin（2012）. Structure and Motion Analyses of the Sails of Chinese Great Windmill. Mechanism and Machine Theory, 48, 29-40.

后　记

13年了，让大家久等了。这本专书本应是在13年前就该出版的，因我之故，延迟13年，真是抱歉之至！感谢张柏春所长、张治中总经理和孙烈研究员的支持和谅解，更感谢他们对于大风车复原计划投入的心力与贡献。张柏春所长对整个计划做了很好的策划，使我们整个复原工作进行得非常顺利，使成果非常丰硕。张治中总经理是个很优秀的计划经理，做了妥善的人力组织和调度。感谢他曾担心我独自前往盐城的困难，在2006年7月12日特地从北京飞到上海，带着我从上海转了多次车才到盐城的海河镇，其过程历历如昨。孙烈研究员当时还是硕士研究生，在大风车的备料、制作和组装过程中，花了很多时间在海河镇进行拍摄和录影工作，记录与保存了珍贵的大风车资料。也感谢陈亚和陈巨师傅团队以工匠精神和传统工艺完成了大风车的复原工作。13年了，这架大风车已成为我生活的一部分，我可说是这架大风车的管理员。每天的运转、定期的保养、损坏后的修护以及来宾参观时的解说，还有台风来时的保护措施，等等，这些技术的细节渐渐烙印在脑中，使我俨然成了大风车的继承者。直到2016年暑假，因新建筑的建造之故，大风车被拆除。我把可以保留下来的物件，如车心石、将军帽、棰齿、蒲篷、龙骨水车等，以及大部分的铁件，如公转、金刚镯等，安置在新建筑的古机械科技馆，并成立一个大风车展示馆，展示了这些文物，放映着我们拍摄大风车复原过程的纪录片。但唯独缺了这本复原记录的专书，这更促使我加快这本书的撰写。

13年了，大风车也成为我的研究一部分，投入了5位研究生进行相关的研究，包括：

（1）2003—2007年，徐骏豪的《唐宋朝代至1950年代龙骨水车的发展与运用——以江苏为考察重心》主要是进行龙骨水车的史料研究，着重在明清时期立轴式风力龙骨水车的分布地区与运用特色，并将这次大风车的复原计划的所得的资料进行整理与分析，记述了大风车的组装过程，以及探讨了大风车技术与文化的特色。

（2）2007—2010年，林彣峯的《立帆式大风车的复原分析》以架设在南台科技大学的立轴式风力龙骨水车实物，进行其机构分析和灌溉效能分析，以期完整记录与保存大风车技术的原理与工艺。

（3）2008—2011年，陈柏宪的《新型风力抽水泵之设计》是因应一美商之藻类生质能源场的动力系统需求进行新型风力抽水泵的设计。其中，风力机是采用大风车的构造和运动方式，以现代制造工法进行设计，以期有效提升大风车的抽水能力和效率，并能满足现代的农田灌溉、抽卤制盐、渔业养殖等用水的需求。

（4）2009—2012年，李宜伦的《立轴式风力龙骨水车的受力与效率分析》主要是进行大风车的受力分析，并建立其运作的数学模式，以探讨其风帆在何种角度极限位置下可以得到最佳启动扭矩及最佳输出功率。同时，根据龙骨水车的设计参数，制作多组不同参数的龙骨水车，并借用成功大学的水工试验所进行各种龙骨水车的抽水能力与效率实验，进而透过这些实验数据与分析，补足史料文献记载的不足。

（5）2009—2012年，林育升的《新型立帆式风车之设计》则先进行大风车之构造分析、运动分析，以及结构分析等复原分析的工作，再进一步进行大风车的创新设计。其设计亦是采用大风车的构造和运动方式，并使用现代先进的材料和工法，其重点在于风帆的操控设计。

2012年起，根据上述研究成果，我们开始设计并建造一个以古机械为元素的绿能教育基地，是以大风车带动井车提水，再以其水驱动一水力加工系统。在2018年底，我们已完成了水力加工坊的建设，目前正在进行新型大风车的商品化设计，以期作为其商品化的研发与实验基地，并赋予大风车新的时代意义。

13年了，我一直在进行大风车之复原和转译的工作，一直在为大风车能在这世界上重新商业运转而努力，以期延续这种具有700年以上历史的技术，重现上万架大风车同时运转的场景。这也是复原的真意。然因经费的短缺，这进程是缓慢的，但我相信坚持就能成功，就如同这次大风车复原计划实施的情况一样。

林聪益

于南台科技大学

2019年11月12日